U0636760

深圳市综研软科学发展基金会资助项目

Zhishi Yichu Yingxiang Quyu Zhishi
Chuangxin de Lilun yu Shizheng Yanjiu

知识溢出影响区域知识创新的理论与实证研究

胡彩梅　著

中国财经出版传媒集团

经济科学出版社
Economic Science Press

前言

随着知识经济的兴起，知识作为关键资源在经济发展过程中的作用显得尤为重要。作为技术创新的基础，知识创新是人类科学技术进步的动力之源，不断驱动一个国家或区域经济向前发展。鉴于知识、知识创新在经济发展中的重要作用，以及建设创新型国家发展战略目标的需要，我国适时提出了创新驱动发展的国家战略，我国的各个省（区、市）也在不断地根据自身发展基础积极开展区域知识创新活动，培育和建设自己的区域知识创新体系，努力实现由要素驱动向创新驱动的战略转型。

目前，中国的区域创新活动还存在着分工不明确、创新体系结构雷同、区域之间为争夺创新资源恶性竞争等问题。解决这些问题需要在更大范围内配置创新资源，并加强区域之间的创新互动与联系。无论区域采用知识创新的竞争模式还是协同模式，都必须面对创新过程中的知识溢出。一方面，区域之间的知识溢出可以使落后地区以较低的成本和较快的速度吸收利用发达地区溢出的知识，提升其知识创新能力和水平，进而缩小地区间的差距，实现落后地区的赶超；另一方面，知识溢出也会导致落后地区的"搭便车"行为，挫伤发达地区知识创新的积极性，使之减少知识创新的投入，限制了其自主创新能力的提升。要合理利用知识溢出对区域知识创新的积极效应，就必须明确知识溢出影响区域知识创新的机理。

本书在系统梳理知识溢出和区域知识创新相关文献的基础上，明确了以下三个方面的问题：第一，知识溢出为什么会对区域知识创新活动产生影响？第二，知识溢出是如何影响区域知识创新活动的？即知识溢出通过什么样的方式和渠道对区域知识创新活动产生影响？第三，如何破解知识溢出障碍，如何提高知识溢出吸收能力，通过哪些途径提高区域知识创新水平？

在以往研究的基础上，本书从以下几个方面开展了创造性的研究：第一，构建了区域知识创新的博弈分析模型，分析知识溢出对区域创新竞争和区域协同创新模式下的创新利润和创新投入的影响。并通过数值模拟得出了更加细致的研究结论。第二，运用社会网络分析理论与仿真模拟方法，分析知识溢出对创新网络结构的影响，分别研究了知识溢出对创新网络的无标度属性、网络结点的度、网络关系强度的影响。第三，运用探索性数据分析方法分析了中国省域知识创新活动的空间分布特征，并运用基于面板数据的空间计量经济模型分析了知识溢出对中国省域知识创新活动的影响以及中国省域知识溢出的吸收情况。第四，提出了基于知识溢出的区域知识创新水平提升对策。

希望通过本书的研究，能够为我国创新驱动发展战略的实施、由要素驱动向创新驱动的转型、区域创新能力的提升提供有益的借鉴。

目 录
CONTENTS

第1章 绪 论

1.1 研究背景

1.1.1 现实背景

21世纪，世界正在发生着剧烈而深刻的历史性变革。其中，具有划时代意义的变革之一便是社会经济活动逐渐从物质经济向知识经济转变，人类社会正全面进入知识经济时代。

从国际来看，新一轮科学技术革命和产业革命正在不断深化，数字化革命、通信和信息技术革命的浪潮不断推动经济向全球化转变，国际竞争也不再仅仅依赖于成本、贸易等因素，而是更加依赖于人力资源、资本、技术创新等因素，从而使得知识密集型产业逐渐成为现代经济增长的重要支柱。知识的作用逐渐超越劳动、资本和土地等传统的生产要素，成为区域和企业竞争优势的主要来源。因此，只有掌握更新的、更多的知识，创造包含更多知识的使用价值，才能够在未来的竞争中获得优势。

从国内来看，中国正进入总体转型的关键历史阶段，要加快转变增长方式、实现社会经济的科学发展，最根本的还是要提升国家的自主创新能力，借助科技进步的力量推动社会经济向创新驱动发展的轨道跃迁。因此，在新的历史条件下坚持走具有中国特色的自主创新道路，努力把增强自主创新能力贯彻到社会经济建设的各个方面，建设创新型国家已经成为中国国家发展战略的核心内容。2015年3月，中共中央和国务院联合下发了《关于深化体制机制改革加快实施创新驱动发展战略的若干意见》，意见指出要把科技创新摆在国家发展全局的核心位置，统筹科技体制改革和经济社会领域改革，统筹推进科技、管理、品牌、组织、商业模式创新，统筹推进军民融合创新，统筹推进"引进来"与"走出去"合作创新，实现科技创新、制度创新、开放创新的有机统一和协同发展。

作为技术创新的基础，知识创新是人类科学技术进步的动力之源，不断驱动一个国家或区域经济向前发展。尤其是在知识经济时代，知识创新已经成为影响经济增长的核心要素。知识经济与以传统工业为支柱、以稀缺的自然资源为依托的传统经济最本质的区别在于它是依托智力型生产力的高知识经济、高文化经济和高智力经济。管理学家德鲁克曾经说过，"目前真正的控制性资源和生产决定性要素既不是资本，也不是土地和劳动力，而是知识"。由于知识具有无形性、可扩散性、可复制性等特性，这就决定了知识不像其他资源那样遵循生产要素规模报酬递减的规律，而是呈现出规模报酬递增的规律。奎因等（Quinn et al.，1996）指出，通过知识的传播，双方所获得的信息和经验都会呈线性增长，如果能够继续向其他人进行传播，并不断得到反馈和延伸，那么所得到的经验和信息就会呈几何级数增长。通过知识的创造、交换和使用可以迅速降低生产过程中的成本。在知识经济社会，知识越来越成为经济发展过程中起决定性作用的关键资源。根据经合组织（OECD）的报告，随着科技密集型产业的迅速发展，知识创新和科技创新对经济增长的贡献率已经从 20 个世纪的 8% ~ 15% 提升到 2010 年的 75% ~ 80%，预计在全球信息高速公路建成后其贡献率将达到 90%。

鉴于知识、知识创新在经济发展中的重要作用，为了促进创新型国家发展战略目标的实现，近年来中国从区域协调发展的角度不断统筹配置创新资源，以提高区域知识创新水平。中国的各个区域也在不断地根据自身发展基础与需求，积极开展区域知识创新活动，培育和建设自己的区域创新体系。但是，目前中国的区域创新活动也存在一些亟须解决的问题，例如，各个地区创新资源配置不均衡，区域之间分工不明确，区域创新体系结构雷同，区域之间为争夺创新资源而开展恶性竞争等。解决这些问题，需要区域之间加强创新互动与联系，在更大范围内配置创新资源。然而，无论是区域创新的竞争还是合作，都必须面对创新过程中的知识溢出问题。一方面，区域之间的知识溢出可以使得落后地区以较低的成本和较快的速度吸收利用发达地区溢出的知识，提升创新能力和创新水平，进而缩小地区差距，实现落后地区的快速赶超；另一方面，区域之间的知识溢出也会导致落后地区"搭便车"行为的产生，从而挫伤发达地区知识创新的积极性，减少对知识创新的投入，限制了自主创新能力的提升。因此，探索知识溢出对区域知识创新的影响，并针对存在的问题采取有效措施，才能发挥其积极影响，规避其消极影响，不断提高区域知识创新水平，为创新型国家的建设提供有力的支持和保障。

1.1.2　理论背景

20世纪60年代，知识溢出的概念被正式提出，此后的半个多世纪众多学者不断探索，使知识溢出在集聚、创新以及区域经济增长等领域得到了广泛的认可，业已成为内生经济增长理论、新经济地理学以及空间经济学等学科研究的热点问题之一。

由于知识具有公共物品的属性，这就决定了知识在使用过程中存在一定的外部性。如果模仿者通过与知识创新者进行信息交换来获得知识和知识收益，但是在该过程中创新者并未得到直接的补偿或得到的补偿低于创新知识的价值，那么就产生了知识溢出。知识溢出指的是在知识使用过程中所产生的外部性。在知识传播的过程中，如果知识发现者所获得边际私人收益低于社会使用该知识所创造的边际社会收益，那么就产生了知识溢出效应。

虽然知识溢出具有充分的空间表现，是知识空间相互作用的重要表现形式，但是长期以来学者们常常忽视其空间维度，仅仅将知识溢出视为经济增长的一个内生变量。直到20世纪90年代初，学者们对知识溢出空间维度的研究还不深入。将空间因素纳入知识溢出分析框架能够更加全面地阐释知识溢出的发生及其影响。从知识溢出的研究脉络来看，最初的相关文献主要将企业作为研究对象，但是大量的经验研究表明：在企业微观水平上，创新投入与产出之间并不存在直接的决定性关系，而知识创新与区域总体经济发展水平之间却存在着联系，并且这种关系在城市、区域或更大范围内会表现得更加显著（盛垒，2010）。因此，近年来越来越多的学者开始将知识溢出的研究视角从个体之间的溢出转移到区域之间的溢出。基于上述原因，本书选择区域间知识溢出作为研究对象。

在社会经济发展过程中，知识创新既与物质生产有着紧密的联系，同时又具有区别于物质生产的特点与规律。在研究物质生产时，可以通过逻辑严密的成本函数、产出函数等对生产和投入过程进行量化分析；而知识创新的生产函数、生产的投入和产出都难以量化。因此，知识创新活动本身并未得到充分的研究。

尽管学者们已经针对知识溢出的发生机制、测度方法等问题开展了大量的理论和实证研究，为进一步研究知识溢出奠定了坚实的基础。但是，通过梳理大量的文献可以发现，关于知识溢出影响区域知识创新的研究还比较匮乏，针对知识溢出影响区域知识创新的内在机理的理论研究尚未形成体系，还有很多问题有待于深入研究。例如，知识溢出对知识创新的影响是积极的还是消极的，知识溢出对知识创新的影响程度究竟有多大，知识溢出发生后能在多大程度上被吸收，影响知识溢出及其吸收的主要障碍有哪些，如何破解这些障碍；等等。目前，针对这一系列问题尚未形成较为系统的理论分析框架，而且缺乏广泛的实证研究。知识溢出影响区域知识创新的机理问题仍然是一个亟待打开的"黑箱"。

无论从理论的角度还是实证的角度出发，研究知识溢出对区域知识创新的影响都是十分必要的。通过研究知识溢出影响知识创新的机理，能够揭示知识溢出与知识创新之间的互动关系，从而更加准确地阐释知识创新函数的特点和性质，并明确影响知识创新效率的因素。在此基础之上，可以对中国省域知识溢出影响知识创新的效应进行测度。

1.2　研 究 意 义

研究发现，在生产活动中随着知识作为投入要素的不可分性日益增强，知识溢出效应也表现得愈发强烈。人类文明史也表明适度的知识溢出对社会发展具有重要的积极意义。但是，过度的知识溢出会导致知识创新收益和成本的不对称，从而抑制了知识创新者的积极性。如何平衡两者之间的关系，明确知识溢出对区域创新的影响已经成为一个亟待解决的现实问题。本书的研究意义可以总结为以下三个方面：

首先，本书通过构建知识溢出影响区域知识创新的理论研究框架，揭示知识溢出影响区域知识创新的机理，可以更好地从理论角度解释知识溢出影响区域知识创新的动因和过程。研究成果能够进一步丰富知识溢出影响创新的理论体系，为进一步研究知识溢出和区域知识创新问题提供参考和借鉴。

其次，本书针对中国省域开展知识溢出影响区域创新的实证研究，能够通过定量分析更加准确地把握知识溢出影响中国省域知识创新的方向、程度、更加准确地判断中国省域知识溢出的吸收情况。基于此，可以有针对性地采取措施利用知识溢出的积极效应，规避知识溢出的消极效应。因此，研究成果对国家和地方政府的科技资源配置决策具有重要的参考价值。

最后，本书根据实证研究的结论提出区域知识创新水平的提升对策。该成果对国家和地方政府制定相关政策促进区域创新水平的提升、提高创新资源配置效率具有重要的参考价值，对促进创新型国家的建设具有一定的现实意义。

1.3 研究内容

目前，对知识溢出影响区域知识创新的研究尚缺乏较为系统的理论框架，也没有学者针对中国省域开展知识溢出影响区域知识创新的实证研究。因此，本书主要围绕理论研究和实证研究两条主线展开。主要的研究内容如下：

第一，构建知识溢出影响区域知识创新机理的理论模型。在界定基本研究变量的基础上，构建知识溢出影响区域知识创新机理的理论模型。通过该模型说明知识溢出为什么会影响区域知识创新，知识溢出怎样影响区域知识创新。

第二，明确知识溢出对区域知识创新模式选择的影响。区域创新有两种典型的模式，分别为区域创新竞争和区域协同创新。在选择创新模式的过程中，必须考虑知识溢出的影响。通过分析知识溢出对创新行为决策的影响，可以明确知识溢出为什么会影响区域知识创新。本书在考虑知识吸收能力的基础上，分别分析知识溢出对两种模式下的创新利润和创新投入的影响。鉴于区域协同知识创新已经逐渐发展成为一种高效的创新模式，本书进一步将其细分为知识内溢和知识外溢两种情况，分析协同知识创新模式下，知识外溢对协同创新共同努力、创新知识投入和创新利润的影响。

第三，探析知识溢出对区域知识创新网络形成的影响。区域知识创新网络是知识创新活动开展和创新知识扩散的重要平台，通过分析知识溢出对区域知识创新网络形成的影响，可以明确知识溢出究竟是如何影响区域创新活动和创新绩效的。本书在分析区域知识创新网络内涵及构成的基础上，分别从理论上分析知识溢出对区域知识创新网络规模、网络联系强度、网络分布和网络聚类程度的影响。并运用仿真技术，模拟知识溢出对知识创新网络结构的影响。

第四，知识溢出影响区域知识创新的实证研究。首先对知识创新的投入和产出进行界定，并以1998～2009年中国30个省级行政区域的知识创新活动作为研究样本，分析了省域知识创新产出与投入要素的空间梯度分布，运用探索性空间数据分析和空间计量经济方法对中国省域知识创新的空间分布特征进行全局和局部空间自相性分析，从而在整体上刻画出省域知识创新的集聚情况。在此基础上，构建基于空间面板数据模型的知识创新函数，分析知识溢出对中国省域知识创新绩效的影响。并进一步测度中国省域知识溢出的吸收情况。

第五，基于知识溢出的区域知识创新水平提升对策。根据理论和实证研究的相关结论，从破解知识溢出障碍、构建学习型区域知识创新网络和实施跨区域知识协同创新三个方面提出提升区域知识创新水平的对策建议，以期对中国区域知识创新的实践提供借鉴。

1.4　研究方法与研究思路

1.4.1　研究方法

本书综合运用多种方法，针对研究内容展开研究。总体上来看，本书主要采用了博弈论、系统动力学、社会网络仿真分析、空间计量分析、定性分析与定量分析等研究方法。

（1）博弈论。运用博弈理论和模型分析区域知识创新主体如何根据知识溢出的影响选择竞争的创新模式还是协同创新模式。并进一步分析在区域协同知识创新模式下，知识溢出对创新利润以及创新投入的影响。

（2）系统动力学。运用系统动力学的理论和方法分析知识溢出与区域协同知识创新之间的关系。

（3）社会网络仿真分析。运用社会网络理论和仿真技术分析知识溢出对知识创新网络结构的影响，揭示知识溢出影响区域知识创新的机理。

（4）空间计量分析。运用地理信息系统（Geographic Information System，GIS）技术分析中国区域知识创新的空间分布特征，运用基于面板数据的空间滞后模型、空间误差修正模型以及空间杜宾（Dubin）模型分析知识溢出对区域知识创新的影响。在全要素生产率框架下运用空间计量经济模型分析中国区域知识溢出吸收情况。

（5）理论与实证研究相结合。首先从理论上分析知识溢出影响区域知识创新的机理，在此基础上针对中国 30 个省区知识创新活动的现状进行实证研究，运用空间经济计量模型分析空间知识溢出对中国区域知识创新的影响以及中国区域知识溢出的吸收情况。

（6）定性分析与定量分析相结合。首先，定性的分析知识溢出对区域知识创新模式选择以及在协同创新模式下创新利润和创新投入的影响。然后，运用数理模型分析知识溢出对区域知识创新模式选择以及在协同创新模式下创新利润和创新投入影响的方向及程度。

1.4.2 研究思路

首先，在归纳相关文献研究成果、分析研究背景的基础上确定研究主题。

其次，综合运用博弈论、系统动力学、社会网络分析以及模拟仿真等方法构建模型，开展理论研究，揭示知识溢出影响区域知识创新的机理。

再其次，运用空间计量方法，建立空间经济计量模型，针对中国省域知识溢出与知识创新开展实证研究。明确中国省域知识溢出对区域知识创新的影响，测度中国省域知识溢出的吸收情况。

最后，结合理论与实证研究的相关结论，提出提高区域知识创新绩效的对策。

1.5 本 章 小 结

从现实和理论两个层面分析了本书的研究背景，提出了研究知识溢出影响区域知识创新的必要性、理论及实践意义。在此基础上，对本书的主要研究内容、研究方法进行描述。

第2章　相关理论与文献综述

知识创新和知识溢出一直是新经济增长理论、新经济地理学、区域经济学研究的前沿问题。本章将对知识创新和知识溢出相关理论基础和国内外的研究现状进行梳理、归纳和总结，并对研究现状进行评述，为后续章节的研究提供理论支撑。

2.1 知识创新及相关理论

2.1.1 知识创新的理论基础

2.1.1.1 知识的相关概念

（1）知识。知识是一切人类总结归纳，并认为正确真实，可以指导解决实践问题的观点、经验、程序等信息。图2-1展示了知识的演进过程。从噪声中分拣出数据，转化为信息，升级为知识，升华为智慧。该过程是信息管理和分类的过程，不仅使信息从庞大无序到分类有序，同时使信息的价值不断升华。

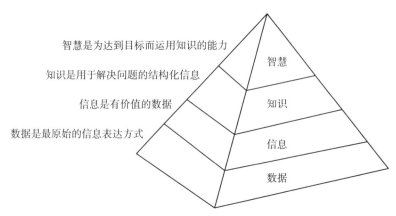

智慧是为达到目标而运用知识的能力

知识是用于解决问题的结构化信息

信息是有价值的数据

数据是最原始的信息表达方式

智慧

知识

信息

数据

图2-1 知识阶层递进过程

根据知识能否清晰地表述和有效的转移，可以将其分为显性知识和隐性知识。显性知识指的是可以明确表达的知识，这些知识既可以通过口头传授、参考书、教材、视听媒体、报纸期刊、专利文献、软件和数据库等方式获得，也可以通过语言、书籍、文字等编码的方式进行传播，很容易被人们学习。隐性知识指的是无法通过语言文字、图表以及数学公式等方式加以表达的知识，如在做某件事情的行动中所掌握的经验知识。

（2）知识存量。知识存量可以从广义和狭义两个角度进行定义。广义的知识存量指的是一个组织在某个时点所占有的知识资源总量，是该时点之前组织成员在生产、生活实践中通过不断学习积累的知识总和。这些知识以组织及其成员、设备等作为载体，在很大程度上反映了组织生产知识的能力和潜力，也体现了组织的竞争能力（李顺才等，2001；邬滋，2011）。狭义的知识存量指的是一个企业或区域在某个时点之前通过研究开发活动所积累的知识总量。因此，狭义的知识存量又称为研发知识存量或技术知识存量。

从总体上来看，知识存量的特征主要包括以下几个方面：

①知识存量是一个静态的概念，具有时点特征。根据定义可知，知识存量是组织成员通过以往的生产和生活实践所积累的知识总量，是在某个时点的积累结果，而非知识积累的过程。不同时点的知识存量也存在差异。

②知识存量具有空间特征。知识的积累源于组织成员的生产和生活实践活动，而这些活动的开展离不开特定的社会组织，即知识存量具有一定的空间界限。因此，在衡量知识存量的时候需要先界定其所属的空间范围，如某个国家、区域、集团、个体等的知识存量。

③知识存量的增长呈现波动性。总体而言，人类社会的知识总量应该呈现增长趋势，不过不同历史阶段增长速度的快慢存在差别，增长过程具有一定的波动性。另外，需要特别指出，在一些特定的情况下某特定系统的知识存量也有可能发生递减。例如，战争以及政局动荡等特殊事件对系统造成强烈的干扰，导致人才流失、知识摧残等；系统的知识折旧速度比增长速度快也导致知识存量递减（李顺才等，2001；李长玲，2003）。

目前，对知识存量的测度主要有三种方法：

①国家或企业的研发投入。OECD（1996）曾经指出，因为不同国家或企业每年所投入的研发经费可以累积，并且可以通过适当的折旧率加以摊销，所以可以根据国家或企业的研发存量衡量其知识存量。

②人力资源的存量。因为认识知识的重要载体，所以有的学者认为可以通过对人力资源的存量、流量进行统计和折算，估计研发的能力和水平，并用其衡量知识存量。

③专利的存量。因为专利是知识产出的重要形式，所以有的学者通过专利使用期和失效的数据近似估计专利的存量，并用其衡量知识存量。

以上三种方法虽然都具有一定的解释力，但是对知识存量的测度仍然是远远不够的，并不能完全反映知识的存量。

（3）知识流量。知识流量指的是在特定的一段时间内流入或者流出一个组织的知识总量。知识流量通常采用物化形式的知识扩散和非物化形式的知识扩散两个指标来测度。物化形式的知识扩散指的是新技术中的知识被物化到机器、设备或部件上的生产过程。非物化形式的知识扩散指的是知识以技术专长、专利、许可证或专门技术等形式在组织之间的传播。

总体上来看，知识流量的特征主要包括以下几个方面：

①知识流量是一个动态的概念。与知识存量不同，知识流量的实质是知识供需双方交互作用的结果。

②知识流量具有时间和空间特征。一方面，知识流量具有明确的时间界限，是某特定时间段内的知识流量；另一方面，知识流量具有明确的空间边界，它指的是一定组织的知识流量。

③知识流量具有吸收性特征。知识流量是知识转移所导致的结果，在知识转移的过程中存在着输出和输入知识的两个主体，作为知识输入方的接受者必须拥有吸收知识的能力。

④知识流量具有矢量特征。知识流量具有方向性，知识总是从位势高的组织向位势低的组织转移。

2.1.1.2　知识创新的内涵

知识创新的概念最早是由美国学者艾米顿提出的。艾米顿（Amidon,
1997）指出，知识创新指的是创新主体创造、交换和应用新思想，并将其
转化为市场化的产品和服务的过程。由此可见，艾米顿所提出的知识创新
内涵包含了知识创造和知识应用两个层面的内容。艾米顿所谓的知识创新
主要包括三种形式，一是通过研究和开发活动进行知识创新；二是除研发
活动之外，在知识的生产、传播、交换和应用过程中发生的知识创新；三
是为了实现经济和社会利益而进行的新知识的首次扩散和应用（Debra,
1997）。管理学家德鲁克认为，知识创新指的是赋予知识资源新的创造财富
能力的行为。我国台湾学者林东清（2005）认为组织知识创新有两种主要
的方式，即已有知识的充分利用和新知识的探索。路甬祥（1998）认为知
识创新是通过科学研究获得新的自然科学和技术科学知识的过程，该观点
得到了国内许多学者的认同。何传启（1998）提出，知识创新是创新主体
为了社会和经济利益而创造或发现知识的过程，它贯穿于知识生产、传播
和应用的整个过程。

综合上述各种观点，知识创新的内涵实质上包含两方面的关键含义，
其一是知识的流动性，其二是知识能够创造新的价值，即知识是新的创造
财富的能力。

2.1.1.3　知识创新与技术创新的关系

关于知识创新与技术创新的关系学术界有不同的观点，从总体上看可
以分为以下三种。

（1）知识创新包含技术创新。持有该观点的学者认为知识创新包括观
念创新、技术创新、管理创新、制度创新、组织创新等。观念创新是知识
创新的前提，因为观念创新指导创新主体的决策和行为。技术创新是产生
新的或改进的产品和工艺的过程，可分为产品创新和工艺创新，技术创新
为知识创新提供有力支持，否则知识创新不会走得很远。管理创新在知识

创新过程中起到了统筹规划和指导协调的作用，是知识创新的有力保障，任何形式的创新都需要通过创新主体的管理职能来加以实施。管理创新包括制度创新和组织创新。制度创新指的是通过采用新的管理方式和方法来提高效率，是知识创新的基础，任何管理决策的实施都需要在一定的制度约束下进行。组织创新是设计一个新的运转高效的组织机构，是创新主体管理活动的支撑体系。

（2）知识创新不同于技术创新。有的学者认为知识创新与技术创新是两种不同的活动。持有该观点的学者认为技术创新是产品创新、工艺创新以及在此过程中开展的技术改造和相关的研发活动；而知识创新则是在经济发展与知识积累关系密切的条件下，通过知识管理使得知识不断应用于新领域并实现创新的系统过程。知识的生产、创造、传播和应用在经济发展中并不是一个线形过程，而是企业、研发机构等主体与外部环境之间联系、互动的系统网络。

（3）知识创新与技术创新相互依存。还有的学者认为知识创新与技术创新之间是相互依存的关系。知识创新是通过科学研究获得新的基础知识和科学技术知识的过程，其创新的目的是追求新发现、探索新规律、创造新方法、创立新学说、积累新知识。知识创新是技术创新的基础，是新技术和新发明产生的源泉，是促进科技进步的革命性力量；技术创新是知识创新的延伸和落脚点（庄新田和黄玮强，2006）。

本书以第一种观点作为研究的基础。

2.1.1.4　知识创新与知识创造的关系

知识创新和知识创造是知识管理、技术管理等研究领域中最常见的两个名词，也是知识管理两个重要的研究主体。

《辞海》将"创造"解释为"做出前所未有的事情"。行为创造学认为"创造的本质意义在于其活动必须具有新颖性"，其中，"新颖性"也包含了"前所未有"的意思。基于此，可以将知识创造视为新知识的出现，是创新主体在某种共享环境下将一些灵感、直觉、想法和经验转化为具体的新知识的过程（罗正清，2008）。

关于知识创新与知识创造之间的关系，学者们的见解也不尽相同。樊治平和李慎杰（2006）指出，尽管国内学者针对知识创新和知识创造开展了大量的研究，但是在这些研究中理论探讨多、应用研究少，表层研究多、深层研究少，内容雷同多、质量较高少，且存在着对这两个概念相互混淆的现象。从总体上来看，关于知识创新与知识创造之间的关系主要存在三种观点。

（1）知识创造包含知识创新。持有该种观点的学者认为创新包含于创造之中，创造强调事物的原创性，而创新更强调新思想的运用，如图 2－2所示。

图 2－2　知识创新与知识创造的关系（一）

（2）知识创新包含知识创造。周培玉等（2007）认为："创新"强调破旧立新，重视变革过程；而"创造"强调是从无到有，侧重产品、成果。Urabe（1988）认为创新从来不是一次性现象，而是一个长期积累的过程，是新观念的从产生到应用的过程。罗宾斯和库尔特（2003）认为创新是形成一种创新思想并将其转化为新产品、新服务或工作方法的过程。根据上述观点可以看出，这些学者认为创新的适应范围更大、更广泛，"创新"包含"创造"，如图 2－3所示。

图 2－3　知识创新与知识创造的关系（二）

（3）知识创造是知识创新的基础。哈佛大学资深教授奥西多·莱维特（Theodore Levitt，2002）指出，创造是通过思考产生一个新的思想，而创新是做出一个新的东西。大卫·迪布瓦（David Dubois）在 2004 年"莫发特（Moffatt Prize）"颁奖会上的发言也指出，创造是提出新思想，创新是将新思想变成行动。晏双生（2010）认为知识创造是知识创新的基础，离开了知识创造就不会产生知识创新。知识创新的开展不仅需要新知识，还需要其他物质和精神条件。虽然知识创新过程中也会创造出新知识，但其重点应该表现在新知识与产品、流程和服务的结合或知识物化为新产品、新流程或新服务的过程。上述观点都认为知识创造和知识创新具有各自独特的内涵，并且知识创造是知识创新的基础。知识创新与知识创造的关系可以总结为如图 2－4 所示的关系图。

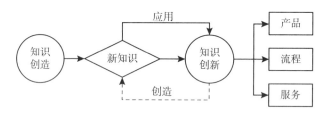

图 2－4　知识创新与知识创造的关系（三）

笔者认为知识创造是知识创新过程的一部分。因为，虽然两者的本质都强调知识的"新颖性"，但是知识创新更加强调知识所产生的市场价值和经济效益，知识创造是知识创新的开端，后续的知识转化和应用是知识创新的结果。

2.1.2　知识创新的相关研究

在内生经济增长理论中，知识是一个核心变量，知识创新活动对经济增长和技术创新都有着重要的影响。知识创新框架是一个多功能的分析工具，其研究模型反映的是知识创新过程中投入和产出的功能关系，其分析对象可以是企业或地理区域（如国家、地区、城市等）。知识创新函数的因变量一般用创新的产出（即专利）来表示，而其自变量往往是一组较为复杂的因素，主要包括 R&D 支出、R&D 活动人员、知识存量等。此外，知识的外部性使得知识溢出存在且显著地影响知识创新活动，因此知识溢出也是知识创新函数的一个重要变量。

由于知识创新函数自变量较多且不确定，并且对规模效应有不同的假设，所以，在模型中加入空间维度并考虑随机变量的离散性后，使得知识创新函数呈现出多样性。从总体上来看，知识创新函数大致包括 3 类。

2.1.2.1 格里利谢斯—贾菲（Griliches – Jaffe）知识创新函数

格里利谢斯（Griliches，1979）构建的知识创新函数框架是该研究领域的基石。该函数用柯布—道格拉斯生产函数来描述研发资本投入与创新产出的关系，其基本关系可以描述为

$$R\&D \text{ output} = a(R\&D \text{ input})^b \tag{2.1}$$

其中，a 是常数，b 是与 R&D 投入相关的 R&D 产出弹性，表明研发活动的效率。

随着 R&D 投入质量的提高，产出弹性会增加，来自区域中其他主体 R&D 活动的溢出就会更明显。区域之间产出弹性的差异反映了地方条件对 R&D 效率的影响。因此，产出弹性也显示了各区域 R&D 条件的差异。

格里利谢斯提出了该分析框架，但并没有将其应用到实际问题的研究中。贾菲（Jaffe，1989）拓展了格里利谢斯的知识创新函数框架，并开展了实证研究。他调查了 1972～1977 年、1979 年、1981 年、1983 年美国 29 个州的大学研究活动对企业专利申请的影响。提出了具有两种投入要素的柯布—道格拉斯生产函数模型：

$$\log(P) = \beta_{k1}\log(R) + \beta_{k2}\log(U) + \beta_{k3}\left[\log(U) \times \log(C)\right] + \varepsilon_K \tag{2.2}$$

其中，P 为专利数量，R 为产业研发投入，U 为大学的研发投入，C 为大学研究和产业研究的地理一致性，ε_K 为随机误差项。

贾菲最重要的创新是将空间因素纳入了知识创新函数，在知识溢出的

研究中引入地理因素，使知识溢出研究的中心由传统的企业层面转移到地理层面。此后，大多数学者都是在格里利谢斯（Griliches）和贾菲（Jaffe）所构建的知识创新函数基础上进行改进，来研究新问题，并且把他们构建的知识创新函数称为 Griliches – Jaffe 知识创新函数。

2.1.2.2 Romer – Jones 生产函数

罗默（Romer，1990）认为知识最重要的两个属性是非竞争性和累积性。非竞争性指的是同一知识可以同时被不同的经济活动参与者使用，而不会产生额外的成本；累积性指的是知识可以看做是存量，且知识创新具有正的溢出效应。这两个属性是使得知识积累成为经济增长源泉的重要保证。罗默假设了一个特殊形式的知识创新函数：

$$\dot{A} = \delta L_A A \tag{2.3}$$

其中，$\dot{A}$ 表示新知识量，L_A 为研发人员，A 为现有的知识存量，δ 为除了研发人员与知识存量之外其他可以作用于知识创新的各种要素的总和。

新知识与知识存量的比值（$\dot{A}/A$）依赖于 L_A，从而得出稳定状态的知识存量增长率为 $g_A = \delta L_A$。因此，稳定状态的知识存量增长率与研发人员数量呈正相关关系。罗默的知识创新函数意味着存在规模效应，即研发活动投入的增加会加快经济增长速度。

但琼斯（Jones，1995a）的研究表明罗默的知识创新函数中关于"规模效应"的预测与第二次世界大战后美国研发人员投入及经济发展的现实情况不符。于是琼斯（1995b）将知识创新函数修正为

$$\dot{A} = \delta L_A^{\lambda} A^{\phi} \tag{2.4}$$

其中，λ 和 ϕ 为恒定参数。上述方程可以修改为

$$\dot{A}/A = \delta L_A^{\lambda}/A^{1-\phi} \tag{2.5}$$

稳态下 A 的增长率被定义为常数。因此，式（2.5）右边是常数，这意味着 L_A^{λ} 和 $A^{1-\phi}$ 以同比率增长，即 $\lambda L_A'/L_A$。$\dot{A}/A$ 为正的参数，且在稳定状态时为常数。稳定状态时，知识存量 A 与研发劳动投入的增长相一致，也

就是说 $L_A'/L_A > 0$，得出 $\phi < 1$。因此，琼斯（1995b）认为在研发人员投入不断增长的情况下，$\phi < 1$ 的假设与观察到的相对恒定的 TFP 增长相一致。另外，$\phi < 1$ 消除了罗默模型中所隐含的"规模效应"，稳态下的知识存量增长率为 $g_A = \dfrac{\lambda L_A'}{1 - \phi L_A}$，这说明知识存量的长期增长率取决于它的增长率，而不是它的增长水平。

2.1.2.3　空间计量经济学视角下的知识创新函数

安瑟兰等（Anselin et al.，1997）将空间计量经济学模型引入知识创新函数中，构建了包括两个要素的柯布—道格拉斯模型，如式（2.6）所示。用该模型进行都市层面上的研究，分析都市及其同心圆区域的研发活动特征。

$$\log(K) = \beta_{k1}\log(R) + \beta_{k2}\log(U) + \varepsilon_K \tag{2.6}$$

其中，K 表示知识产出，R 表示产业研发投入，U 表示大学研发投入，ε_K 为随机误差项。另外，大学与产业研发的潜在相互作用可以通过两个附加模型加以扩展：

$$\log(R) = \beta_{R1}\log(U) + \beta_{R2}Z_1 + \varepsilon_R \tag{2.7}$$

$$\log(U) = \beta_{U1}\log(R) + \beta_{U2}Z_2 + \varepsilon_U \tag{2.8}$$

其中，Z_1 和 Z_2 是外在的当地特征，ε_U 和 ε_R 为随机误差项。

扩展的地理知识创新函数为

$$\log(K) = \beta_{k1}\log(R) + \beta_{k2}\log(U) + \beta_{K3}\big[\log(U) \times \log(C)\big] + \varepsilon_K \tag{2.9}$$

安瑟兰（1998，2000a）在研究中发现，如果相邻区域的跨部门数据存在空间自相关情况，就有可能导致估计结果出现错误，并运用空间计量方法验证了这种错误发生的可能性。为了解决这一问题，他选择了恰当的估计参数代表空间依赖性，并将其引入模型。

费舍尔和瓦尔加（Fischer & Varga，2003）则把区域内与区域间的溢出效应完全分离，并将知识创新的时滞引入模型，提出了比传统知识创新函数更加精炼的模型。

考虑制度等变量影响的经典知识创新函数为

$$K_{i,t} = f(U_{i,t-q},\ R_{i,t-q},\ Z_{i,t-q}) \tag{2.10}$$

其中，i 表示区域，t 表示时间，q 表示研发投入与知识产出之间的时间滞后，$U_{i,t-q}$ 和 $R_{i,t-q}$ 分别表示高校和产业的研发投入，$Z_{i,t-q}$ 表示其他的影响因素。

为了分离区域内与区域间知识溢出的影响，对相关变量做了以下设置：

$$U'_{t-q} = (U_{1,t-q}, \cdots, U_{N,t-q}) \tag{2.11}$$

$$R'_{t-q} = (R_{1,t-q}, \cdots, R_{N,t-q}) \tag{2.12}$$

$$D_{i\cdot} = (d_{i,1}^{-\gamma}, \cdots, d_{i,i-1}^{-\gamma}, 0, d_{i,i+1}^{-\gamma}, \cdots, d_{i,N}^{-\gamma}) \tag{2.13}$$

其中，$i = 1, \cdots, N$，d_{ij} 表示溢出区域 $j(j \neq i)$ 与接受区域 i 之间的平均地理距离，γ 为距离衰减参数（$\gamma > 0$）。

并进一步定义了非本区域高校溢出与产业溢出的空间知识池：

$$S_{i,t-q}^U = D_{i\cdot} \cdot U_{t-q} \tag{2.14}$$

$$S_{i,t-q}^R = D_{i\cdot} \cdot R_{t-q} \tag{2.15}$$

根据上述假定，可以得出区域知识创新函数为

$$\log K_{i,t} = \alpha_0 + \alpha_1 \log U_{i,t-q} + \alpha_2 \log S_{i,t-q}^U + \alpha_3 \log R_{i,t-q}$$
$$+ \alpha_4 \log S_{i,t-q}^R + \alpha_5 \log Z_{i,t} + \varepsilon_i \tag{2.16}$$

其中，$K_{i,t}$，$U_{i,t-q}$，$S_{i,t-q}^U$，$Z_{i,t}$ 的含义如上，$\alpha_1, \cdots, \alpha_5$ 是效率参数；α_0 为常数项；ε_i 为随机误差项。

格罗恩日（Greunz, 2003）提出了混合知识创新函数模型。该模型综合考虑了区域地理临近与技术临近所导致的溢出效应。他指出，如果地理邻近区域存在知识溢出效应，那么某区域的知识产出应该取决于该区域及其相邻区域的知识创新投入；如果技术相似区域存在知识溢出效应，那么某区域的知识产出应该取决于该区域及其技术相似区域的知识创新投入。

综合考虑地理邻近和技术相似性的混合知识创新函数模型如下：

$$\ln(pat_i) = c + \alpha \ln(R\&D_i) + \beta \left(\sum_{\substack{gnl=l \\ gnl \neq i}}^{GNL} \ln(R\&D_{gnl}) w_{i,gnl} \right) + \cdots$$

$$+ \delta \left(\sum_{\substack{gnj=l \\ gnj \neq i}}^{GNL} \ln(R\&D_{gni}) w_{i,gni} \right) + \cdots + \lambda \left(\sum_{\substack{gnjl=l \\ gnjl \neq i}}^{GNL} \ln(R\&D_{gnj}) w_{i,gnj} \right)$$

$$+ \check{k} \left(\sum_{\substack{tnl=l \\ tnl \neq i}}^{GNL} \ln(R\&D_{tnl})P_{i,tnl}w_{i,gnl} \right) + \cdots + \check{v} \left(\sum_{\substack{tnj=l \\ tnj \neq i}}^{TNJ} \ln(R\&D_{tmj})P_{i,tnj}w_{i,tnj} \right)$$

$$+ \cdots + \check{\tau} \left(\sum_{\substack{tnj=l \\ tnj \neq i}}^{TNJ} \ln(R\&D_{tnj})P_{i,tnj}w_{i,tnj} \right) + \gamma \ln S_i + \lambda \ln Q_i + \varepsilon_i$$

$$(2.17)$$

其中，pat 表示区域内每 1000 名居民所拥有的专利数量；$i = 1$，…，N 表示空间观测单元；R&D 表示人均研发投入；$gnj = 1$，…，GNJ 表示与区域 i 地理临近的区域，$j = 1$，…，J；$tnj = 1$，…，TNJ 表示技术相似区域 i 的技术状况；$w_{i,j}$ 表示行标准化的逆距离平方权重矩阵；$p_{i,j}$ 表示技术相邻指数；S 表示区域的生产结构；Q_i 表示技术人员所占比例；α，β，…，τ 为待估参数；ε_i 是随机误差项。

式（2.17）表明某区域的知识产出不仅取决于自身的 R&D 投入，还要受到若干阶地理相邻区域研发投入溢出的影响，另外还要受到若干阶地理相邻与技术相邻溢出的共同影响（Lydia Greunz，2003；赵勇和白永秀，2009）。

2.1.3 研究评述

自 20 世纪 70 年代开始，国内外学者对知识创新函数进行了广泛的研究，已经取得了相当多的研究成果。其中，越来越多的学者开始从空间的角度研究城市之间、区域之间以及国家之间知识创新的相互作用，并且将知识溢出视为影响知识创新的重要变量。经过学者们的不断发展和完善，知识创新函数不断扩展，已经被广泛地应用于知识创新和知识溢出的测度研究。但是，关于知识创新函数的相关研究仍然存在一些不足之处，有待于进一步的深入研究。

（1）对知识创新函数中投入产出的界定尚未达成共识。很多研究都遗漏了一些重要的创新变量，如跨国技术转让、FDI 的吸收等因素。此外，很多研究以专利作为知识产出变量，具有一定的局限性。一方面，不同专利所包含的价值不同，极少数专利包含的价值很大，而绝大多数专利包含的价值较小（Nadiri，1993）；另一方面，专利只能代表一部分新知识，企业的技术秘密等新知识往往会被遗漏。

（2）对中国知识创新函数的研究，尤其是区域层面上的研究仍然比较匮乏。从区域层面研究知识创新函数的性质，能够更加清晰地认识区域知识创新活动的投资回报率，更加准确地确定最优的区域创新投入规模。

2.2　知识溢出相关理论

2.2.1　知识溢出的理论基础

2.2.1.1　溢出的内涵

就字面含义而言，溢出（Spillover）指的是存放在容器中的气体、液体或固体等物质被无意地泄露出来。在经济学中，溢出的对象不仅包括上述的有形物质，而且包括无形的"技术"、"知识"等。溢出是在一定社会环境中人或组织之间的一种行为结果，这种结果具有双面性。

国外学者对于溢出的研究较早，很多学者对其进行了界定和论述。鲍莫尔（1952）在《福利经济及国家理论》一书中提出：某厂商的行为会影响与其相同产业的其他厂商，并且价格变动无法弥补这种影响，于是就产生了溢出效应。米德（Mede，1973）则认为溢出指的是某件事情会导致某厂商或个人受益或受害，而这些受益者或受害者并不是该事情直接或间接的决策者。斯蒂格利茨（1998）指出溢出是厂商或个人在经济活动中没有完全支付其成本或没有完全获得其收益的现象。塞缪尔森（Samuelson，1992）认为溢出指的是未通过货币或者市场交易反映的某经济人的行为对其他经济人福利的影响。

中国学者也针对溢出进行了相关的研究，并给出了溢出的定义。如：

宋承先（1997）认为溢出是私人利益与社会利益发生差异的现象；王俊豪（2001）则指出溢出是某经济行为所造成的外部影响，该行为导致私人利益与社会利益、私人成本与社会成本相偏离。

综上所述，溢出的内涵主要包含以下两个要素：首先，溢出的行为的发生是无意识的，至少是以无意识为主；其次，溢出的效果具有外部性，这种效应导致私人利益与社会利益的偏离（王勇，2011）。

2.2.1.2 知识溢出的内涵

马歇尔（Marshall，1890）所著的《经济学原理》一书最早涉及了知识溢出的思想。尽管当时他并没有明确提出知识溢出的概念，但是在分析地方工业化时，他发现知识溢出是产业地方化的三个原因之一。

道格拉斯（1960）首次明确了知识溢出的概念。他在研究东道国接受国外直接投资的社会收益时，认为知识溢出效应是 FDI 的一个重要现象。指出外商投资企业在东道国从事经济活动，会因为经济的外部性而导致技术外溢，从而促进东道国本土企业生产力水平的提高。

阿罗（Arrow，1962）最早解释了知识溢出效应对经济增长的作用。他认为知识具有公共产品的特征，一个企业通过研发活动所创造的知识很容易被其他企业获取，而创新者却无法得到任何形式的补偿，这种情形就是知识溢出。因此，有的厂商通过投资创造的知识来提高自身的生产效率，而其他厂商则可以通过模仿和学习提高生产效率。

杰罗斯基（Geroski，1989）认为，知识、技术甚至经验都是创新在生产者和使用者之间流动的外在物品。其价值的释放在一定程度上是通过传递、学习和借鉴来实现的，在该过程中知识溢出是必然现象。

格里利谢斯（1992）从创新溢出的角度出发，指出溢出是通过模仿其他类似的研究成果，并从中获得额外收益的现象。

科克（Kokko，1992）把知识溢出定义为跨国企业拥有的知识未经过正式转让而被本地企业所获得的现象。换言之，知识溢出是跨国公司在东道国进行投资引起当地技术或生产力的进步，而跨国公司却无法获取全部收益的情况。

贾菲（1996）认为知识溢出是模仿者通过与知识创新者进行信息交换而得到收益，而知识创新者却没有得到应有的补偿，或得到的补偿低于创新知识价值的一种现象。

梁琪（1999）认为知识溢出存在正负两种效应，其正效应指的是通过获得其他人的知识，而减少自己的学习成本，提高自身的能力和水平；其负效应指的是知识溢出会让知识的生产者不能获得新知识的全部效益。侯汉平和王烷尘（2001）认为，知识是一种具有非排他性的公共物品，因此，某一厂商很难独占并使用该知识，一旦其他厂商通过 R&D 发现了新的知识，它会立即扩散并带来社会进步，但是进行 R&D 投资的厂商却无法获得由此产生的全部收益，该现象就是知识溢出效应。

国内外学者从不同的角度阐述了知识溢出的含义，虽然说法不一，但对其内涵的理解存在着以下两方面的共同点：

第一，知识由创新者创造但并不被其所独占，此现象为知识溢出。知识的公共物品属性决定其不能被知识创新者所独占，非独占的部分即为溢出。

第二，知识溢出可以从总体上增进整个社会的福利。

2.2.2　知识溢出的相关研究

2.2.2.1　知识溢出测度的研究

贾菲（1986）发现，使用相似技术的企业会从彼此的研发工作中获益，一个企业所获得的知识以及由此所带来的生产率提高，与其他企业有很大的关联。而以克鲁格曼（Krugman，1991）为代表的学者认为知识的流动是无形的，没有直观可见的痕迹可供度量和追踪，因此知识溢出的经验测度是不可靠的。但是，仍然有众多学者不懈努力，致力于知识溢出的测度研究。其中比较流行的方法是生产函数法和文献追踪法。

格里利谢斯（1979）最早运用生产函数测度了 R&D 密集型产业的产出以及 R&D 资本存量，并建立研发溢出效应模型度量了企业与产业之间的技术距离对研发的溢出效应。贾菲（1989）引入溢出的空间效应，改进了格里利谢斯所构建的生产函数，并运用该模型研究了区域层面的 R&D 溢出，强调了产业、高校的地理空间以及技术相似的重要性，结果发现溢出效应在药品和医药技术、光学器械、核技术、电子等产业中表现得比较显著。安瑟兰等（1997）运用空间计量经济模型改进了 Griliches - Jaffe 知识创新函数，并估计了大城市和州的知识创新函数。针对州的研究，综合运用研发构成区位指数、引力距离衰减指数、覆盖距离指数改进了地理相似指数；针对大城市的研究，引入空间滞后变量分析了大城市及其同心圆区域研发活动的特征。安瑟兰等（2000）在考虑空间异质性和依赖性的基础上运用空间计量模型描述了空间外部性的形成过程，研究结果表明不同部门的知识溢出存在差异，证明了集聚效应的存在。安德森和杰莫（Andersson & Ejermo，2002）运用知识创新函数研究了瑞典功能区的知识溢出。费舍尔和瓦尔加（2003）在研究澳大利亚高等学校的研究活动和高技术产业区域的知识创新活动时，考虑了知识创新的时滞性，改进了传统的知识创新函数模型，将区域内与区域间的溢出效应分离开来，并以大学研究投入和企业 R&D 投入作为投入变量，以专利作为产出变量，测度了澳大利亚的空间知识溢出。埃克哈特·波德（Eckhardt Bode，2004）的研究表明 20 世纪 90 年代德国区域间的知识溢出对区域知识创新具有显著的积极影响，但是由于空间交易成本较高，从临近区域获得的知识溢出非常有限，并且只有 R&D 密集度比较低的区域能够从区域间知识溢出中获益。莫雷诺（Moreno，2005）针对 1978～2001 年间 17 个欧洲国家 175 个地区的研究表明区域知识创新受其他区域创新活动知识溢出的影响，但是知识溢出的效应受地理距离的影响较为显著。王立平（2005）以空间计量经济学理论为基础，以高技术产业为例研究了中国高校 R&D 知识溢出的空间范围和程度。陈继勇和盛杨怿（2008）使用中国 29 个行政区 1992～2006 年的数据，运用生产函数测度了区域 R&D 投入、FDI 的知识溢出对区域技术进步的影响。吕忠伟（2009）运用区域知识模型，在考虑区域吸收能力影响的基础上研究了 R&D 空间溢出等因素对区域知识创新的影响。邓明和钱争鸣（2009）估计了中国省域的知识存量，并以此为基础修正了传统的知识创新函数，研究了知识创新活动中投入要素的产出弹性、知识创新的规模报酬以及空间溢出问题。陈继勇和雷欣（2010）将空间随机效应引入知识创新函数，构建了贝叶斯空间层级模型，测度了中国省际知识溢出效应。

贾菲等（1986，1988，1993）认为知识流动确实留下了痕迹，它常常以专利引用的形式存在，专利引用数据可以估计产业之间的知识流动情况，因此可以运用专利引用数据测度技术溢出。贾菲等（2000）进一步针对专利引用者和被引用者开展访谈，结果表明专利引用确实可以证明存在知识流动，但是其中存在大量的噪声。迪积森（Tijssen，2001）也证明了使用专利引用数据研究国内和跨国技术关联与知识流动是合理的。马尔塞斯和沃斯潘根（Maurseth & Verspagen，2002）运用专利引用说明了知识流动的模式。波塔兹和佩里（Bottazzia & Peri，2003）以 1977～1995 年欧洲 86 个州级区域的研发和专利数据为样本展开研究，结果发现知识溢出对周边地区创新活动的正向影响显著，并且该影响随着空间距离的扩大而减弱。马野青和林宝玉（2007）运用专利引用追踪法测度了 FDI 对东道国的知识溢出效应。

2.2.2.2 知识溢出发生机制的研究

（1）基于人才流动的发生机制。许多学者认为人才流动是知识尤其是隐性知识溢出的主要途径。朱克尔等（Zucker et al.，1998）和阿尔梅达等（Almeida et al.，1999）的研究发现那些拥有一定知识的人才在空间流动中不断与其他人发生交流和互动，能够加快知识的传递扩散，加快知识的创造，进而促进技术进步，并且在产业活动集聚区域或人口密度大的城市，这种现象表现得更为明显。布鲁斯·弗里克（Bruce Fallick）对硅谷计算机相关专业人才的调查研究表明，企业间科技人才流动是引发区域间知识溢出的主要源泉。

另外，还有一些学者进一步探究了基于人才流动的知识溢出的影响因素。奥德斯和费尔德曼（Audretsch & Feldman，2004）研究发现，基于人才流动的知识溢出与经济主体的吸收能力紧密相关。福特（Ford，2001）指出，社会资本尤其是基于非正式关系的社会资本能够促进区域创新系统内部不同行为主体之间的知识共享与信息交流。

斯图尔特和索伦森（Stuart & Sorensen，2005）的研究发现依靠社会网络形成的、建立在信任及理解基础上的关系，有利于促进信息的交流，进而促进系统内部知识特别是隐性知识的流动和扩散。菲勒特车夫等（Fila-totchev et al.，2011）对中国中关村 1318 家高技术企业的研究发现，海归企业家产生了显著的知识溢出效应，促进了本地高技术企业的技术创新。

（2）基于商品流动的发生机制。布兰斯提特（Branstetter，1998）认为，知识转化为产品并固化其上，因此可以通过相应的商品产生溢出效应。格罗斯曼和埃尔普曼（Grossman & Helpman，1991）认为区域贸易导致了知识溢出的发生。商品是物化型知识溢出的重要载体之一，技术落后地区可以通过被嵌入了先进技术的商品学习和模仿前沿技术，进而在干中学的模仿过程中，提高自身的技术水平和竞争力。科埃和埃尔普曼（Coe & Help-man，1995）运用贸易流来测度知识溢出的强度，他们认为进口商品和服务较多的国家可以获得相对较多的知识溢出收益。

（3）基于投资的发生机制。跨区域投资，尤其是国际直接投资是知识溢出的主要方式。王和布拉斯特姆（Wang & Blomström，1992）还指出，跨国公司的子公司会以合作者、供应商以及采购商等身份与东道国企业开展业务合作，以前向和后向的关联关系产生知识溢出。布拉斯特姆和科克（Blomström & Kokko，1998）指出在东道国进行直接投资时，跨国公司所使用的先进技术对东道国企业具有示范性，或者跨国企业与东道国企业开展合作或合资也能导致知识溢出。凯勒（Keller，2010）的研究表明，与进口商品相比引进 FDI 能够获得更多的知识溢出。

（4）基于企业家创业的发生机制。企业家创业活动在知识溢出过程中发挥着重要作用。创业知识溢出是知识溢出的表现形式之一，同时也是知识溢出的一种发生机制。企业家在创业过程中不仅要善于发现和把握机会，还要灵活利用知识溢出效应。如果在企业集聚区域创业，企业家能够获得更多的隐性知识。企业家在创业过程中与不同群体的互动和交流，尤其是合作都能够推动知识溢出的产生（赵勇和白勇秀，2009）。朱克尔和布鲁尔（Zucker & Brewer，1998）针对明星科学家和新设立的生物科技企业之间的区位分布关系进行研究，结果表明高校的明星科学家能够在新创企业推广他们的知识，在新创企业中存在明星科学家的知识溢出效应。奥德斯和弗尔德曼（2002）指出区位对于企业家的创业具有重要影响。斯道伯和维纳布尔斯（Storper & Venables，2004）指出在经济活动相对集中的区域，由于企业之间的空间距离很近，更便于彼此之间面对面交流，并且有利于企业建立前向和后向的市场关联，便于劳动力的进一步集聚和知识溢出。吉尔伯特等（Gilbert et al.，2008）的研究表明在经济活动相对集中的区域创设的企业能够获取更多的知识，在成长和创新方面都表现得更出色。佐尔丹等（Zoltan et al.，2009）证实了知识溢出与新企业的创立具有较强的相关性。

（5）基于产学研合作的溢出机制。许多实证研究证明，区域创新主体之间的合作关系可能是知识溢出的重要渠道。产学研之间建立的合作研发和创新网络关系，为知识溢出提供了便利。克斯曼和瑞利尔达（Cassiman & Reinhilde，2002）指出，高水平的外来溢出会对企业与学研结构的合作及相应的知识溢出带来积极影响，对于企业而言通过与其他研发机构的合作可以获得公共知识。庞氏等（Ponds et al.，2010）指出，产学研合作是知识溢出的载体之一，通过产学研合作网络，使得知识溢出能够在更大的范围内发挥作用。

2.2.2.3 知识溢出影响因素的研究

（1）技术差距。技术差距是发生知识溢出的必要条件，如果两个主体之间的知识水平是相同的，就不会发生溢出。芬德利（Findlay，1978）对FDI溢出的研究表明，新技术的溢出效应是跨国公司与国内企业技术差距的增函数，如果国内企业与跨国企业之间的技术差距越大，那么本地企业向外资企业学习和模仿的空间就越大，本地企业所吸收的 FDI 溢出就会越多。但是，科克等（1996）认为，在内外资企业技术距离较小时，溢出效应才是显著的。其理由是只有在技术差距较小的情况下，内资企业才有能力进行学习和追赶，如果差距太大，会导致本土企业因缺乏学习和吸收能力而无法吸收知识溢出。孙兆刚等（2006）的研究发现，当技术差距在一定区间范围之内时，知识溢出效应才会比较明显，过大或过小的技术差距都不利于本土企业获取知识溢出。周华和韩伯棠（2010）的研究表明，技术距离越大，知识溢出效应越小，并且技术距离较大带来的溢出效应变小，很难通过公司的综合实力来弥补。

（2）认知距离。研究认知距离主要是考虑主体的技术组合之间的距离，不同的技术组合要与参与者的能力相匹配（宁军明，2008）。诺特博姆（Nooteboom，1999）将知识溢出的有效性分解为理解能力与新知识。认知距离越小，理解能力就越强，但不能得到较多有效的新知识；反之，认知距离越大，理解能力就越有限，但能得到较多有效的新知识。因此，存在一定程度的认知距离，使得主体易于交流。相反，如果认知完全相同，创新的潜力就会降到零。但是，如果认知距离太大，就会产生交流障碍。贝塔斯曼等（Bahlmann et al.，2010）的研究表明，认知上的临近性有利于知识的传播和相互学习。

（3）吸收能力。要把知识溢出从一种潜在效应转化为现实效益，最终还是取决于落后者或吸收者的吸收能力。陈等（Chen et al.，2011）的研究表明，具有较高吸收能力的行业才能更好地利用外资企业的知识溢出。周华和韩伯棠（2010）的研究表明综合吸收能力对获取来自客户行业的知识溢出效应具有放大作用。

（4）地理距离。凯勒（Keller，2002）根据 14 个 OECD 国家制造业的数据估计了法国、德国、日本、英国和美国的研发投入对其他 9 个 OECD 国家生产率的影响，证实了知识溢出呈现随着地理距离的延长而衰减的趋势，并得出国家间知识溢出收益衰减一半的距离约为 1200 米的结论。莫尔斯和沃斯帕根（Maursth & Verspagen，2002）对欧洲区域内知识流动模式的研究表明，专利引用更多地发生在同一个国家内部或是地理上很接近的国家，地理距离对知识流动产生负作用。戈梅斯—卡塞瑞斯等（Gomes - Casseres et al.，2006）分析了企业联盟对知识溢出的作用，研究发现企业间在地理上的接近可以明显促进知识溢出。伊顿等（Eaton et al.，1999）对西方五国集团的研究发现，国家内部的技术扩散率要比五国之间的扩散率高 200 倍。贾菲等（1993）指出，美国的专利更多地被美国本土引用而不是被外国引用。尽管地理距离是影响知识溢出的一个重要变量，但它本身并不是一个令人满意的解释变量，因为它无法揭示地理距离影响知识溢出的原因。特别是在信息时代，通信手段发达、交通便利，地理距离对知识传递的影响已经越来越小。

（5）社会距离。社会网络理论强调人际关系的亲疏远近会影响知识传播的速度和广度，因此，行为主体间的社会关系是影响知识溢出的重要因素（向希尧和蔡红，2008）。阿格拉沃尔（Agrawal，2003）以发明人—专利（inventor-patent pair）为分析单位、以专利引用数据作为知识流的替代指标，研究了专利发明人现在所在地与原来所在地的专利引用情况。研究表明，专利发明人现在所在地和原来所在地专利引用较多，这说明社会资本能够促进知识溢出。研究还表明，即使合作者彼此分开以后，他们之间仍然会保持着有利于知识转移的社会关系，同处一点建立起来的社会关系对于跨技术领域和跨地区的知识溢出特别重要。索尔森等（Soreson et al.，2006）利用在美国注册的专利数据验证了社会距离的接近性对知识溢出的重要性，并指出中等复杂程度的知识扩散特别依赖于社会距离较近的专利发明人。斯特恩尼克等（Sternitzke et al.，2007）利用专利发明人及申请人的社会关系网络图，证实了在社会距离上与知识源的接近有利于获取创新所需的知识。

2.2.2.4　知识溢出影响创新的研究

根据内生经济增长理论，知识溢出在创新和经济增长中扮演着十分重要的角色。然而，知识的传播和溢出在很大程度受到地理空间的限制。一方面，知识溢出是影响创新活动空间分布的重要因素，另一方面，创新活动的空间分布又反过来影响着知识溢出。因此，学术界围绕知识溢出与创新的空间分布关系及其对区域空间创新的影响进行了广泛的研究。

（1）专业化和多样化溢出对创新活动的影响。贾菲等（1993）通过研究专利引用的地理空间分布状况发现，专利引用更容易发生在本区域内部，知识溢出的存在促使创新活动空间集中。奥德斯和费尔德曼（1996）通过研究产业内知识溢出与创新活动空间集聚的关系发现，创新活动更多地集聚在生产活动集聚的产业，因为空间集聚所形成的地理邻近性不但能够降低创新活动不确定性的风险，而且为企业交流思想提供了方便，尤其可以降低发现知识并将知识商业化的成本，进而能够促进集群创新网络的发展和创新产出的增长。

从知识溢出的双方是否属于同一产业的角度，可以将知识溢出划分为相同产业内的专业化溢出和不同产业之间的多样化溢出。马歇尔（1890）、阿罗（1962）和罗默（1986）认为专业化的产业结构有利于创造出更多的知识溢出，这种溢出被称为 MAR 溢出；而迟易词（Chinitz，1961）和雅各布斯（Jacobs，1969）则认为差异化企业和经济主体之间的互补性知识交流，能够更大程度地促进知识溢出。究竟是 MAR 溢出还是 Jacobs 溢出在区域创新中的作用大，学术界针对这个问题进行了大量的研究，但是至今尚未达成共识。

费尔德曼和奥德斯（1999）对美国 15 个地区 6 大产业和 700 多个公司的研究发现，无论是在产业层面还是企业层面，专业化溢出并不能促进创新产出的增加，而多样化溢出有利于创新产出的增加。卡伊内利和莱翁奇尼（Cainelli & Leoncini，1999）对意大利及其四大经济区域 1961 ~ 1991 年 16 个产业部门的研究表明，专业化、多样化和知识溢出具有较强的空间依赖性，多样化的产业结构更有利于产业内和产业间的竞争，从而使得创新系统中的小企业获得优势并从创新活动中受益。辛加诺和西瓦尔帝（Cingano & Schivardi，2004）也得出了相似的结论。张昕和陈林（2011）对中国医药制造业的研究表明，多样化溢出对区域创新具有正面影响。刘斯敖和柴春来

（2011）考察了1990～2008年中国制造业的集聚、R&D投入、知识溢出及创新活动，研究表明制造业集聚与R&D投入存在显著的知识空间溢出效应，专业化集聚比较有利于区域经济增长，但是不利于区域创新；而多样化的产业集聚不利于区域经济增长，但更有利于区域创新。

巴蒂斯塔和斯旺（Baptista & Swann，1998）分析了英国1975～1982年248个制造业企业的创新数据，结果显示专业化溢出能够显著促进创新活动，而多样化溢出对创新活动的促进作用并不十分显著。赫尔本（Gerben，2004）对荷兰的研究证明地方化知识溢出对区域创新能力的提升具有积极影响。亨德森（Henderson，2003）利用生产函数研究了美国机械产业和高技术产业的知识溢出，结果显示专业化溢出对创新的促进作用要比多样化溢出显著。吴玉鸣（2007）针对中国省域研发、知识溢出与区域创新开展了空间计量研究，结果显示专业化溢出对区域创新活动具有显著的正向影响，而多样化溢出对区域创新具有不显著的负向影响。段会娟（2011）基于2000～2007年中国省级制造业的面板数据，运用GMM方法研究发现产业集聚有利于创新，专业化的产业结构和竞争性的市场结构对知识溢出和创新有着更为显著的影响。

帕西亚和乌塞（Pacia & Usai，1999）针对1990～1991年意大利192个地区85个产业的研究表明，专业化和多样化溢出对创新都具有显著的促进效应。张玉明等（2009）研究了中国31个省区的创新活动，结果表明高技术产业的专业化、多样化均对区域创新产出具有正向促进作用。邬滋（2010）将知识溢出的空间效应纳入空间计量经济模型，分析了集聚所产生的专业化和多样化环境下的知识溢出以及集聚所产生的竞争与垄断环境下的知识溢出对区域创新绩效的影响，研究表明产业内知识溢出对两个阶段的创新绩效均存在一致的、正向的影响。彭向和蒋传海（2011）对1999～2007年中国30个地区21个工业行业的数据进行分析，结果表明专业化外部性与多样化溢出对中国地区产业创新的影响均显著为正，但影响程度不同，多样化溢出对创新的推动作用大约为产业溢出的两倍。

通过对相关文献的梳理可以发现，关于专业化和多样化知识溢出对创新活动的影响还没有统一的结论，针对不同时间和不同样本所得出的研究结果各异。实际上，由于区域范围、发展阶段、产业类别、技术特点等因素各不相同，专业化和多样化知识溢出对创新的影响必然存在着差异。因此，在实际研究中，侧重点应该放在明确两种知识溢出对研究对象的影响上，以便为相关的决策提供依据。

（2）区际知识溢出对区域创新的影响。林（Lim，2003）运用空间计量方法，以美国 1990～1999 年的专利数据为基础，研究了其区域知识溢出对创新活动的空间影响，结果发现区域创新高度集中，沿海区域的创新活动活跃，说明知识溢出对创新活动具有显著的空间影响。博德（Bode，2004）运用空间计量经济模型，针对 20 世纪 90 年代德国区际知识溢出进行了研究，结果显示区际知识溢出对区域创新具有显著的积极影响，但是空间交易成本限制了知识溢出的效果，并且只有研发水平比较低的区域能够通过知识溢出获益。弗里奇和弗兰克（Fritscha & Franke，2004）在生产函数框架下对德国三个区域的知识溢出与研发合作对创新行为的影响进行的实证研究表明，区域之间研发生产率存在的显著差异在一定程度上能够被同一地区的研发主体研发行为的溢出所解释。Peri（2005）针对 1975～1996 年北美和欧洲 113 个区域的数据展开研究，结果显示通过技术流动从外部获得的研发溢出对创新活动有显著的正向效应。苏方林（2006）运用空间滞后模型进行的研究表明知识创新存在局部溢出，某区域的研发活动对周边区域知识创新的影响随着距离的增加而减弱。吴玉鸣（2007）的研究表明，区域创新存在不同程度的空间自相关，知识溢出具有空间局域性，地理距离是影响知识溢出的重要因素。孙建和吴利萍（2010）的实证研究表明，区域创新活动对其相邻区域的创新活动具有明显的正向溢出效应。陈傲等（2011）对 2003～2007 年中国三大城市群的研究表明，地理距离对知识溢出空间衰减的影响并不稳健，呈现出明显的区域差异。

（3）知识溢出影响创新的空间效应。许多学者认为决定知识溢出影响区域创新的关键因素是空间距离。由于知识空间溢出的局域性，空间距离在很大程度上影响着知识溢出的吸收效率，知识溢出对创新的作用强度存在一定的范围，随着空间距离的增大，知识溢出对区域创新的影响逐渐减弱。Bottazzi 和 Peri（2003）对欧洲国家 1977 ~ 1999 年研发和专利数据的分析表明，某区域的知识溢出可以对周围 300 公里之内区域的创新活动产生显著影响，如果本区域研发投入翻一番，那么其周围 300 公里范围内区域的创新产出会提高 2% ~ 3%，而本区域创新产出能够提高 80% ~ 90%。莫雷诺等（Moreno et al.，2003）研究了欧洲 17 个国家 138 个地区创新活动的空间分布以及技术溢出在知识创新过程中所发挥的作用，结果表明欧洲地区的知识生产活动具有较强的正向空间自相关性，也就是知识生产活动会受到 1 阶和 2 阶相邻地区创新活动所产生的知识溢出的影响，影响的距离在 250 ~ 500 公里。Paci 和 Usai（2009）用专利引用和被引用的情况来衡量知识联系，研究了欧洲国家的知识交流情况，结果显示知识流动随着地理距离的增加而减少，相邻国家之间的知识流动比较频繁。

2.2.3　研究评述

（1）知识溢出测度的研究评述。通过对知识溢出测度文献的梳理可以发现，以知识生产函数为代表的测度方法已经成为测度知识溢出的主流方法，尤其是空间计量经济学模型与方法的引入为解决区域范围内的知识溢出对区域创新的影响提供了一个有效的度量方法。但是现有的研究还存在一定的不足：首先，究竟用什么数据来代表知识仍然是一个需要解决的问题（段会娟，2010）；其次，测度方法本身也缺乏一个统一的框架来精确测度组织、区域之间知识流动的大小，研究者根据自己的研究对象和掌握的数据来选择分析方法，其结论不可避免地具有一定的片面性。

（2）知识溢出发生机制的研究评述。尽管有关知识溢出发生机制的大部分研究都认识到了知识溢出的重要性，但是仍然没有描述清楚知识溢出是如何在人与人之间、区域内部、区域之间溢出的，也缺乏对这一过程的模型解释。另外，知识溢出的发生是一个动态的过程，要受到行为主体的特征、区域环境等众多因素的影响，全面地了解知识溢出的发生需要构建一个动态的框架。

（3）知识溢出影响因素的研究评述。通过对知识溢出影响因素相关文献的梳理可以发现，关于各种因素对知识溢出的作用仍然存在一定的分歧，研究结论随着研究样本的不同而各异。仍然需要进一步明确影响知识溢出的主要因素及其影响的方向和程度。

（4）知识溢出影响创新的研究评述。目前，针对知识溢出影响创新的研究已经越来越细致了，但是尚存在需要进一步改进的地方：第一，尚未区分显性知识和隐性知识对创新的影响，研究结论可能会存在一定的偏差；第二，在进行计量分析时，所选取样本区域的大小差异导致研究结果不具有可比性。

2.3 知识扩散及相关理论

2.3.1 知识扩散的理论基础

知识扩散指的是知识通过市场及非市场渠道的传播，使知识由发源地向外进行空间传播、转移，或通过其他合法手段使知识从创新者传递到使用者，使不同个体之间实现知识共享的一个过程。知识扩散的过程也是学习的过程，通过学习可以增加经验，大大缩短完成某项工作的时间，从而降低成本。知识扩散能够促进知识创新，知识扩散的最终目的是促进社会对知识的利用。知识扩散可以在不同层面上进行，包括产业内的扩散和地域上的扩散。产业内的扩散主要是针对知识创新的扩散，指的是知识在同属于某一产业的企业之间扩散。地域上的扩散可以分为区内和区外两个方面。区内扩散指的是知识系统对区域内部经济的作用过程；而区外扩散指的是知识系统对区域周边地区的影响。

2.3.1.1 经济增长理论中的知识扩散观

（1）新古典经济增长理论。20 世纪 50 年代索洛提出了经济增长模型，引起了学术界对经济增长问题的大量研究。以索洛为代表的学者所倡导的新古典经济增长理论假定技术进步是经济增长过程中的一个外部因素。如果不存在外生的技术进步，经济增长就会收敛于人均收入不变的稳定状态，即零增长的状态。换言之，经济增长依赖于一个无法控制的外生变量——技术进步。这一"不愉快的结果"使得传统经济增长理论陷入了尴尬的局面。导致该结论的根源是它们将知识外生于物质生产过程，基于此构造的生产函数是收益递减的，致使经济增长仅仅依赖于资本积累或人口积累，因而是收敛的、趋同的和短期的。根据该理论，无法解释各个国家之间长期以来经济增长率和人均收入水平的巨大差别。

20 世纪 60 年代之后，一些经济学家开始尝试用新古典增长模型研究区域经济增长。宝兹（Borts，1960）在研究美国制造业生产周期时，第一次建立了新古典区域增长模型，其研究对劳动力、产品、运输费用、生产函数等方面的相关的假设都受到了新古典经济增长理论的影响，在该研究中他认为在完全竞争条件下隐性知识是即刻扩散的。

阿罗（Arrow，1962）最早用外部性来解释溢出效应对经济增长的影响。他认为知识是在过去的投资与生产活动中逐渐积累起来的，技术进步或生产率的提高是资本积累的副产品。也就是说，新投资具有溢出效应，对于进行投资的企业来说可以通过积累生产经验来提高生产率，对于其他企业来说可以通过学习、模仿提高生产率。阿罗还根据自己的论断提出了"知识积累的内生理论"。

综上所述，新古典经济增长理论认为知识是一种具有非竞争性和非排他性特征的纯公共产品，新知识可以无成本地即刻扩散。

（2）新经济增长理论。从 20 世纪 80 年代中期开始，新古典经济增长理论的一些核心假设被一些经济学家所摒弃，知识积累过程中的外部性和知识外溢效应得到重视，知识溢出和人力资本开始被引入经济增长模型，强调规模经济效应，建立起了一套新的经济增长理论，被称为新经济增长理论。其代表人物为 Romer 和 Lucas。

罗默（1986）在其代表性论文《收益递增和长期增长》（*Increasing Returns and Long-run Growth*）中构建的经济增长模型包括劳动、资本和知识三种要素，并将知识溢出纳入研究，认为厂商在进行决策时会将社会拥有的知识作为给定量，考虑如何利用资本和自己的生产知识实现利润最大化。他还将知识分划为专业化知识和一般知识，认为专业化知识能够产生所谓的"内在经济效应"即给个别厂商带来垄断利润；而一般知识能够产生所谓的"外在经济效应"即使全社会获得规模经济效应。技术进步和知识积累是经济活动所产生的副产品，知识使用的非排他性是产生规模收益递增的主要原因。罗默（1990）在另一篇题为《内生技术变化》（*Endogenous Technology Change*）的论文中进一步指出专业化的投入（即 R&D 投入）是经济增长的另一个源泉。他指出厂商进行 R&D 投入旨在获得垄断利益，但是由于产生技术进步具有非排他性，所以在其自身获得相应利益的同时导致了生产的规模收益递增。

卢卡斯（Lucas，1988）设计了人力资本溢出模型。他认为专业化的人力资本积累才是经济增长的源泉，人力资本的溢出效应将使分散经济的均衡增长率低于社会最优增长率。他指出个体人力资本的积累大部分是通过向他人学习而获得的，并且这种学习是免费的。人力资本溢出可以促进人力资本积累，进而影响着物质产品生产部门的生产率水平。

从总体来看，由于知识具有公共物品的属性，所以，一方面某个企业不可能独自占有某种知识；另一方面知识在使用过程中不仅不会损耗，而且会得到不断的改进和深化。

无论是新古典经济增长理论还是新经济增长理论，都把知识看做是公共物品，能够自由、即刻扩散。对知识的这种认识存在明显的缺陷，因为知识在传播和扩散过程中的时间因素和空间因素都被忽视了，如此一来便无法准确把握创新主体进行 R&D 投入的动力源泉。

2. 3. 1. 2　累积因果论中的知识扩散观

缪尔达尔（1944）在《美国的两难处境》一书中首次提出了累积因果

论，后来经过卡尔多、迪克逊和瑟尔沃尔等人的不断完善并具体化为模型。与新古典经济增长理论和新经济增长理论的观点不同，累积因果理论认为知识难以流动，经济增长的长期结果不是趋同而是趋异。缪尔达尔认识到经济社会制度的变迁要受到技术进步、经济、政治、文化等众多因素的影响，这些影响因素之间相互联系、相互影响、互为因果，它们相互交织作用的结果是非均衡的循环。正是由于这种累积因果关系，当区域发展水平和发展条件出现差距时，条件好的区域会在发展过程中会不断地积累对自己有利的因素，进而会遏制落后区域的发展，使得落后区域的不利因素会进一步增多，发展会更加困难。卡尔多（Kaldor）也是累积因果论的代表学者之一，他也不赞成新古典经济增长模型关于规模效益不变的假设，指出规模效益应该是递增的。他提出了规模经济会带来产出的增长并使得生产率提高的维多恩—卡道（Verdoorn – Kakdor）法则，该法则涉及了与地方化学习和创新有关的动态集聚经济。此外，他认为技术是不可流动的，例如，R&D 等知识会保留在区域内部，进而促进区域经济的发展，而知识的累积式增长是一个自我强化的过程，将进一步促进区域经济的发展。

从总体上来看，累积因果论关于知识不流动的假设也是不现实的，因而其结论具有一定的局限性。

2.3.1.3 基于知识扩散的技术赶超理论

随着知识和技术进步在经济发展中的作用被经济学家所广泛关注，在对该问题的研究中发展经济学家发现存在一些技术落后的国家对技术先进国家的赶超现象。换言之，作为追赶者，技术落后国家的技术进步速度非常快，使之与技术领先国家的差距不断缩小，甚至实现了赶超。从总体上来看，技术赶超可以分为技术追赶和技术超越两个阶段。而在实践中，发展中国家的技术赶超通常经历了技术依附、技术追赶和技术超越三个历史阶段。其中，技术依附阶段是技术赶超阶段的准备阶段，发展中国家在该阶段通过从发达国家获取的技术作为基础，探索适合国情的技术发展模式，具备一定条件后逐渐向技术追赶阶段过渡。技术追赶阶段是发展中国家技术进步加速的阶段，通过该阶段的发展中国家与发达国家的技术差距不断缩小。技术超越阶段是发展中国家以技术追赶阶段的积累为基础，通过自主创新等方式突破关键技术，逐渐摆脱对发达国家的技术依赖（吴晓丹和陈德智，2008）。技术引进、学习、扩散和创新都是技术赶超的途径和方式。其中，技术扩散是技术赶超较为有效的途径。

（1）基于技术扩散的技术赶超。A. W. 莱克（A. W. Lake，1979）以技术的定义为基础，将技术扩散划分为市场扩散、生产扩散和研发扩散三个层次。市场扩散指的是其他主体通过转让重复制造产品或服务，使产品的市场规模扩大。生产扩散指的是通过转让已经成熟的生产工艺技术使之扩散到其他主体的生产过程。研发扩散指的是通过转让已有的生产技术，使其他主体能够用其生产相关产品。通常所说的技术赶超主要是通过研发扩散来进行，因为该层次的扩散主要是通过技术模仿的形式实现的，对于技术落后国家来说这种方式是可行的。

学者们将技术扩散导致技术赶超的研究重心聚焦于跨国公司的技术转移上。在早期的研究中，多数学者都认为跨国公司掌握着最先进的技术，因此也应该是技术转移的重要主体，在其跨国投资过程中，会对东道国（尤其是技术落后国家）产生积极的竞争效应、外部性和技术外溢，能够极大地促进东道国的技术进步。跨国公司的技术扩散是帮助技术落后国家或地区实现技术赶超的重要途径（Richard，1974；Patel & Keith Pavitt，1991；施平和郑江淮，2010）。

但是，也有许多学者提出，跨国公司对技术落后国家的投资并不利于其技术进步。海默（Hymer，1970）指出跨国公司具有垄断优势，其海外投资是该优势的进一步扩张，垄断优势扭曲了正常的市场行为，会导致反竞争的不良效果，对东道国的技术进步并没有好处。拉奥（Lall，1985）指出虽然跨国公司在生产和加工技术方面能够表现出较为显著的溢出效应，但是在深层次技术方面的溢出效应并不明显。换言之，跨国企业在对外投资的过程中的确能够将其技术诀窍甚至是秘密扩散至东道国，但是很难将技术背后的原理扩散。还有一些学者认为跨国公司不会在技术落后的国家运用其最先进的技术，其跨国投资并不利于技术落后国家的技术进步。

（2）基于知识差距的技术赶超理论。从物理学的角度来看，世界上所有物质或非物质的传导、扩散都是由势差引起的，并且总是由高势能向低势能扩散，知识扩散也具有类似的属性，学者们在研究技术扩散的过程中也充分利用了这一点。

芬德利（Findlay，1978）等学者通过实证研究证明技术差距对知识溢出有着显著影响，认为 FDI 输出国与东道国的技术差距越大，技术扩散的效率就越高，技术溢出越明显。同时他们还认为东道国的市场竞争越激烈，跨国公司就越愿意将更多先进技术输出到该国，从而 FDI 的溢出效应就越大。肖霍姆（Sjoholm，1999）对印度尼西亚的经验研究也得出了相似的结论。支持该结论的研究者普遍认为，后发国家和地区与发达国家之间的技术差距越大，后发国家和地区追赶和学习的空间就越大，劳动生产率的提高就越快，从知识溢出中获得的收益就越多，经济收敛的可能性就越大（李松龄和生延超，2007）。

但后发国家或地区要充分地吸收跨国公司的知识溢出效应，实现技术赶超，其自身也需要具备一定的技术水平和吸收能力。坎特威尔（Cantwell，1991）认为，如果东道国的技术水平相对比较落后、人力资源素质较低，跨国公司就会倾向于向其转让一些低附加值、低技术含量的技术，以便利用该国的低成本优势。相反，如果东道国的技术水平相对较高，那么跨国公司就会选择向其转移一些附加值及技术含量都比较高的技术，以利用当地的技术和人才优势。因此，东道国的技术水平与跨国公司之间的差距越大，跨国公司先进技术转移到东道国的可能性就越小。反之，如果东道国当地的技术水平相对较高，那么它们就可以更加有效地利用跨国公司的技术转移，并有机吸收跨国公司的技术外溢效应，从而进一步强化自身的技术优势（生延超，2008）。科克（Kokko，1994，1996）通过对墨西哥和乌拉圭的研究发现，技术差距太大会阻碍知识溢出效应的实现，进而影响到经济收敛的实现。支持该结论的研究者认为，当技术差距较小时，后发国家和地区有能力进行学习和追赶；相反地，当技术差距过大时，跨国公司输出的技术可能与东道国企业采用的技术完全不相关，东道国企业无法进行学习，或者根本不具备学习能力。

布洛姆斯特伦（Blomstrom，1994）、鲍斯特恩（Borenztein，1998）以及布拉斯特姆和修荷姆（Blomström & Sjöholm，1999）、关功和沃尔夫冈·凯勒（Guan Gong & Wolfgang Keller，2003）、潘文卿（2003）、王向阳等（2011）等的研究结果都表明技术差距与技术溢出之间存在非线性关系，存在一个被称为"发展门槛"的转折点。技术溢出效应的发生确实需要存在一定的技术差距。在初期，技术溢出会随着技术差距的增加而增加，但是当技术差距增加到一定水平以至于当地企业无法在现有的技术能力基础上吸收国外的先进知识时，溢出效应就会与技术差距呈负相关关系。这个"发展门槛"实际上就是后发国家或地区的技术能力。也就是说后发国家和地区只有具备了一定的技术能力才能跨越这个发展门槛，才能实现对发达国家的技术赶超和经济赶超。如果后发国家和地区的技术基础非常薄弱，技术积累较差，学习、模仿先进技术的能力就越差，技术溢出效应就很难得到发挥。换言之，发达国家的技术和知识是和本国资源禀赋以及经济技术发展水平相一致的，但因为后发国家和地区的技术基础、组织结构、人力资源等技术能力不一定和发达国家输出的技术相匹配，因此在国际技术扩散中导致了一种奇怪的现象：很多后发国家引进了发达国家的先进技术，但最后却陷入了"引进—落后—再引进—再落后"的尴尬境地（欧阳晓和生延超，2008）。产生这种现象的原因就是后发国家和地区缺乏与先进技术相匹配的技术能力，使其无法有效吸收所引进的技术。如此一来，引进先进技术也难以推动后发国家的经济发展。

2.3.2 知识空间扩散的相关研究

知识扩散可以促进知识积累，但其作用要受到时间、空间等众多因素的影响。熊彼特所提出的创新扩散理论，强调创新扩散过程的时间因素。熊彼特认为创新扩散符合罗杰斯蒂（Logistic）曲线，即

$$\frac{\mathrm{d}p}{\mathrm{d}t} = kp(1-p) \tag{2.18}$$

其中，p 为扩散强度；t 为时间；k 为待估参数。

此模型认为大多数的创新扩散过程类似于传染病。即最初感染者较少，正常人与感染者接触的机会就会比较低，扩散速度就较慢，但是随着感染者数量的增多，其遭到感染的概率就会提高，扩散速度就会逐渐加快；由于可感染的人数是有限的，所以在接近饱和点时扩散速度会减慢，直至达到饱和点。Logistic 曲线模型实际上暗含着创新扩散的动力或者说实施条件来源于溢出（唐厚兴，2010）。

可以看出，理论经济学家主要关注知识扩散的时间因素，经济地理学家与理论经济学家不同，他们更加关注知识扩散的空间因素。瑞典隆德大学的哈格斯特朗（1953）在其出版的《创新扩散的空间过程》（*Innovation Diffusion as a Spatial Process*）一书中对空间创新扩散现象进行了开创性的研究，奠定了空间扩散理论的基础。他所提出的主要结论包括：第一，基于社会网络的知识空间扩散具有层次性，即有些扩散是在区域之间进行的，而有一些是在区域内部进行的；第二，根据网络交流的地方化特征可以预测出创新空间扩散的趋势；第三，扩散的创新知识能否被采用还受到采用者的创新倾向以及其他经济、社会因素的影响。哈格斯特朗还采用蒙特卡罗方法模拟了创新扩散的概率分布，提出了著名的"平均信息域"模型和知识创新扩散的"S"形轨迹。

20 世纪 70 年代之后，学者们又先后提出了一般空间扩散模型和等级扩散模型。一般空间扩散模型受增长极和空间结构理论的影响，认为创新由中心向外围和低等级城市扩散，创新首先会在发源地的腹地得以应用，然后扩展到外围地区，并按此规律进行下去，经过一段时间后扩散会逐渐停止。理查森（Richardson，1973）指出，当小城市和乡村距离主中心很远时，其受到扩散的影响会比较小。

等级扩散理论与一般空间扩散理论不同，它认为知识的扩散一般都是从发源地开始，然后传播到其他大的中心，接下来经过一段时间的传播再扩散到次一级的中心，形成层次网络结构。Richardson（1973）指出产生该现象的原因是大城市比小城市在知识基础、人才和社会结构等方面都具有优势，并且很多大企业都倾向于将决策中心放在大城市，使之更容易接触和接受创新。佩德森（Pederson，1970）建立了一个等级扩散模型即从高级中心（城市）向低等级中心呈现跳跃式扩散，通过研究发现随着距离衰减系数的缩小，自然距离对空间扩散的影响就会变小，而对等级距离的影响就会变大。法国经济学家布德维尔（Boudeville，1966）把经济空间分为匀质空间（稳定发展）、极化空间（带头发展）和规划空间（计划发展），他指出与均质空间相比，极化空间具有区域分布的非匀质性，一般侧重于通过发挥市场作用而自发形成的经济空间。当极化达到一定程度时，自然就会对周边地区产生溢出或扩散效应。巴尔加瓦等（Bhargava et al.，1993）创建了随机元胞自动机模型来研究创新的空间扩散，为知识创新的空间扩散研究提供了新的思路。可以看出，在等级扩散模型的研究中，极化理论更加强调增长极对其周围落后区域的等级扩散，更加注重空间非匀质性在空间扩散中的重要地位。

近年来，国外关于知识空间扩散的研究主要集中在创新网络内部的知识扩散。法拉赫等（Fallah et al.，2004）将创新网络中的知识扩散划分为知识传播（有意识的扩散）和知识外溢（无意识的扩散）两种形式，根据知识扩散的边界将知识扩散分为个人层面、企业层面和国家层面的扩散。Cowan 和 Jonard（2004）将知识扩散看做是主体（Agent）间交换不同知识的易货过程，各 Agent 之间结成网状联系，由此基于 Agent 技术建立一种知识扩散的动态演化模型。

国内学者也针对知识的空间扩散问题开展了大量的研究。康凯等（2000）等将系统论、场论的研究思路与方法引入知识创新扩散领域，研究了知识创新空间扩散度和梯度的规律性。孟晓飞等（2003）将知识扩散的影响因素抽象为 Agent 模型中的可控便利，利用 Agent 模拟网络环境下的知识扩散过程，分析 Agent 的分布密度、声誉影响力以及分布状况是如何影响知识扩散的范围和速度的。罗天虎（2007）将知识扩散问题转化为知识在社会网络中扩散的时间问题，运用 Bass 模型分析了知识扩散的演化。刘璇和邓向荣（2010）从经济学的角度出发，利用威尔逊模型对我国北京、天津、上海和重庆四个直辖市的技术空间扩散范围进行了测度，为知识扩散范围的测度研究提供了新思路。陈傲等（2010）运用空间计量经济模型，对我国三大城市群知识溢出空间扩散进行了实证研究，研究表明空间知识溢出不但受到地理距离影响，还因致死缺口大小、吸收能力差异的影响而呈现不同的扩散过程。牛冲槐和李烁（2011）利用改进的威尔逊模型对我国中部六个省份的知识空间扩散能力和扩散半径进行了计算，还对其知识空间扩散范围进行了测度。谢荣见等（2012）构建了基于结构方程的隐性知识扩散模型，分析在集群创新环境下隐性知识的扩散。

2.3.2　研究评述

由于知识空间扩散是一个相对较新的研究领域，目前公开发表的以知识空间扩散作为研究对象的成果不是特别多，有些问题仍有待于进一步的深化研究。

（1）现有的研究多侧重于对知识空间扩散层次、扩散范围等问题的分析和测度，这些成果对于指导区域内部创新以及区域之间开展创新合作等活动具有一定的指导意义。但是，随着区域间协同创新的开展、产业集群创新的发展，还需要针对创新网络中知识空间扩散的机理、动力机制、选择机制等问题进行深层次地剖析。

（2）现有的研究成果比较注重对共性的、一般知识空间扩散过程和规律的研究，而忽略了产业特点、地域特色差异等因素对知识扩散途径、知识扩散模式和知识扩散过程的影响。

2.4　社会网络视角下的创新网络

社会网络分析（Social Network Analysis，SNA）是美国社会心理学家莫雷诺（Moreno）在社会测量法的基础上提出来的，用以研究行为者彼此之间的关系，是一种综合了社会实体观察研究、数学、统计、图论等学科的行为科学研究方法，被广泛地应用于新经济社会学的研究。社会网络分析的核心是从"关系"的角度来研究社会现象和社会结构（汪涛等，2010）。20 世纪 90 年代，学者们开始运用社会网络分析方法来研究创新活动。英国经济学家克里斯托夫·弗里曼（Christopher Freeman）首次提出了"创新网络"的概念。阿尔诺·德·布莱松和埃姆斯（Arnaud de bresson & Amess，1991）、科沙斯基（Koschatzky，2001）将创新网络定义为一个相对松散的、非正式的、隐含的、嵌入性的、重组的相互关系系统，有利于学习和知识的交流。2000 年，IBM 商业价值研究院的研究者们开展了关于"运用社会网络分析改进知识创造和分享"的相关研究，结果表明社会网络分析在组织知识创造和分析过程中发挥着重要作用。安德鲁·帕克（Andrew Parker，2001）在其著作《社会网络的隐藏力量》中指出，通过社会网络分析可以促进非正式组织间的知识流动，改善正式组织内部的知识活动，推进部门间的合作。帕蒂·安克拉姆（Patti Anklam，2003）认为社会网络分析是战略知识管理中十分重要的分析工具，可以通过社会网络分析来改善知识和信息的流动，促进企业知识管理战略的顺利实施。

2.4.1　社会网络的理论基础

2.4.1.1　网络的结点

从理论上讲，完整的区域创新网络是由组成网络的主要结点，联结网络中各个结点之间的关系链条，网络中流动的生产要素（如劳动力、资本、知识和技术等）以及其他创新资源构成的。网络内部各个结点性质不同，其发挥的作用也不尽相同。学者们一般将创新网络的结点划分为：各种类型的企业、学研机构、中介服务及金融机构。以下将对各个结点作简单介绍。

（1）企业（创新网络的核心）。企业是最重要的创新主体，网络中最重要的经济单元，也是参与创新实现创新增值最直接的行为主体。因此，以企业为中心结点的各种网络联结也往往是区域创新网络的研究重点。

（2）大学和科研机构（创新网络的支柱）。大学和科研机构是科研人才和技术精英汇集的地方，是区域创新网络中参与创新的重要主体。这些机构开展知识创新活动需要巨大的经费支持，同时其创造出来的科研成果需要快速转化成现实生产力。通过加入区域创新网络，不但可以加快其成果转化速度，获得充足的科研经费，而且可以使其抓住科研发展的最新动态、最新研究成果以及产业界的现实需求，进一步推动学研机构科研教学水平的提高。区域中是否拥有高水平的大学或研究机构，以及能否充分发挥他们在区域网络创新活动中的作用，直接影响到区域创新网络创新功能的发挥。

（3）政府及公共部门。政府及公共部门虽然不直接参与创新活动，但是在营造良好的创新环境、促进创新网络的形成与发展、规范市场行为、挖掘创新潜力、作为社会公众价值取向的代言人等方面发挥着不可替代的作用。区域知识创新能力的高低取决于系统对知识资源的配置能力，是系统知识状态和配置能力综合的结果。政府对知识创新主体进行管理，对于改善区域知识创新系统绩效，提高区域知识创新能力至关重要。

（4）中介服务及金融机构。为区域创新提供相关服务的中介机构主要包括科技代理、咨询、评估、推介、交易等中介服务机构。目前，中国已经形成的科技服务中介机构主要包括公共技术研究平台（一般是国家计划支持的公共机构）、技术转移和创业服务机构（主要是生产力促进中心、孵化器、中小企业创业服务中心）、科技中介机构（主要是科技咨询与评估机构、技术交易服务机构）。虽然，中介机构并不直接参与创新活动，但是，作为创新活动的主要辅助者，它们通过为创新活动主体提供专业化的服务在区域创新过程中起着重要的沟通黏结作用、咨询服务作用、孵化作用、协调重组作用、引进和培育人才等作用。

金融机构主要包括区域内的一些创新基金、风险投资机构、商业银行以及证券公司等。区域创新活动需要大量的资金投入，金融机构通过为创新网络提供所需要的资金来保证网络的正常运转，它们所提供的金融资本直接影响着区域创新活动的产生与增值。

2.4.1.2 创新网络的联结

在区域创新网络中，无论各结点的性质、实力如何，其地位都是平等的、相对独立的，它们共同组成整个网络。网络各结点之间的联系也是随机的、自由的、多样化的。网络结点之间的联结方式主要有以下几种（鲁新，2010）：

（1）企业与企业的联结。在区域创新网络中，企业是非常关键的核心结点。企业与企业之间的联结方式直接影响到创新网络的形成和发展，其联结方式主要有企业集团、企业集群、战略联盟和虚拟组织等。

①企业集团。企业集团是以成员的自主权为前提，在对等互利原则下，通过股权、债权、企业等显性连接和通过社会关系等隐性连接等形式构建协作机制，进而结成持久的经营结合体。企业集团式创新网络是集团内部企业成员之间通过契约协议、社会关系等纽带结成的创新网络，可以将集团内部的创新资源结合起来，实现知识、技术和信息在集团内部的分享与传播。

②企业集群。企业集群是特定产业中相互关联的企业或组织在特定地理区位所形成的空间集聚现象。企业在集群发展过程中，基于创新资源的传递和共享，彼此之间会建立起各种相对稳定的、能够促进集群内部创新的正式或非正式的网络关系。

③战略联盟。战略联盟是两个或两个以上的企业为达到共同拥有市场、共同使用资源和增强竞争优势的目的，以具有法律约束力的契约为保障，形成的联合开发、优势互补、利益共享、风险共担的松散的创新合作组织。

④虚拟组织。虚拟组织是以现代通信技术、信息存储技术为依托，为了共同的目标和价值取向，将不同企业的创新优势资源整合到一起，利用各自的优势资源组成一个没有边界的、超越时空障碍的、共赢的、协调作

战的、暂时的联合网络组织。虚拟组织没有法人资格，没有固定的地理空间，也没有固定的组织层次和内部命令系统，只是一种开放的、动态的组织结构。虚拟企业常见的运作模式主要有以下几种：虚拟生产（如加工外包）、企业共生（企业共同出资建立专业化企业）、人员虚拟（企业借助外部的智力资源）、功能虚拟（借助企业外部的某些功能资源，如虚拟营销、虚拟储运、虚拟结算等）、策略联盟等（吉鸿荣，2010）。

（2）企业与学研机构的联结。大学和科研机构与企业开展的合作创新多数以技术受让、技术开发、共建研发机构或实验室、创办新企业、联合培养人才（包括建立大学生实习基地）、创新资源的共享（包括利用文献、仪器设备等科技资源）、技术咨询或服务等方式展开。大学和科研机构掌握着前瞻性的知识，拥有丰富的研究人才和丰富的创新成果，而企业拥有资金和市场。两者的结合能够使学研机构的研究成果迅速转化为产品，并增强自身发展能力和人才培养质量，而企业通过与学研机构合作能够不断提升自身的技术水平和市场竞争力。

（3）企业与政府的联结。政府是区域创新网络的发起者和主要推动力量，为创新网络的发展提供制度保证、创造良好的外部环境。在构建区域创新网络的过程中，政府通过与企业进行交流和互动发挥协调作用，从而构成了企业与政府的联结。在企业与政府的联结中，尤其要发挥政府的管理和引导职能，根据区域内部的创新资源、创新能力、产业竞争力和市场需求情况，有针对性地制订战略计划、制定优惠政策和制度规范，从而引导、激励、协调和保护创新活动。

2.4.1.3　创新网络的结构

（1）网络结构的类型。在进行社会关系网络分析时，网络的结构特征会对系统的绩效产生很大的影响。创新网络的结构主要有三种形式：

①规则网络。每个个体只跟与之紧邻的 n 个邻居产生交互作用。任意两个个体之间的特征路径较长，但聚合系数较高。由于网络主体相互联系紧密，有利于知识创造和知识溢出。

②随机网络。任意两个结点之间以一定的概率相连接。任意两个个体之间的特征路径长度较短，但聚合系数较低。在随机网络中每个个体与网络中其他个体容易接触，这有利于知识多样性和知识的扩散，但不利于相互学习。

③小世界网络。小世界网络是介于规则网络和随机网络之间的一种网络结构。它的个体之间特征路径长度较小，接近随机网络，而聚合系数相当高，接近规则网络。它比较合理地反映了既不完全规则也不完全随机的网络的统计特征。它是一种比较折中的网络结构，且在现实经济活动中更容易形成。

（2）网络结构的度量。在社会网络分析中常常会用到密度、中心度、中心势、凝聚子群、结构相似性等概念。网络密度指的是网络中各个成员之间联系的紧密程度，可以用网络中实际存在的关系数量与理论上可能存在的关系数量的比值来度量。网络成员之间的联系越多，该网络的密度就越大。网络中心度是衡量成员在网络中处于核心地位的程度，其数值可以通过计算它与多少点直接相连得到，数值越大表明该成员所处位置越接近中心位置。中心势描述的是整个网络图的紧密程度或一致性，也就是一个图的中心度。如果某些网络成员之间的关系特别紧密，以至于可以组成一个次级团体时，这些团体在社会网络分析中被称为凝聚子群。如果一个网络中存在较多的凝聚子群，并且这些凝聚子群之间缺乏联系，那么这样的关系结构就不利于整个网络的发展。在一种网络关系中，如果两个成员相互替代后并不会影响整个网络的结构，就说明这两个成员具有结构相似性（侯赟慧等，2009）。

（3）网络结构对知识流动的影响。虽然溢出的知识有的可以编码，但是受个人能力、时间和经济性的约束，很多编码化的知识具有很强的个人属性。因此，知识的传播和学习更依赖于面对面的口头交流。而且，社会比较理论指出，当信息不完全或个人无法准确判断新知识的预期收益时，就会出现需要解决的问题比较模糊的情况，这时决策者一般会基于某种社会关系（如观察与他有紧密联系的人中有多少采用该新知识或者询问那些已使用新知识的人）的启示对该新知识进行出评价。如此看来，潜在采用者对新知识的认识依赖于一定的社会网络结构，因此网络结构也会间接地影响知识扩散的速度和程度。亚伯拉罕森和罗森科普夫（Abrahamson & Rosenkopf, 1997）认为社会网络结构能够较好地描述创新的潜在采用者发现和采用创新的过程，网络结构特征的任何微小变化都可能对创新扩散程度产生很大的影响。

在网络中，任意一条边是由两个结点和它们之间的关系构成的，知识会通过边在两端的结点之间流动。在复杂社会网络的研究中，常用的描述网络结构特征的两个参数是路径长度和聚类系数。很多学者的研究表明，知识流动的效应与网络的路径长度呈负相关关系，因为，知识流动经过的路径越长，所需要经过的中间结点就会越多，知识在流动过程中的发生的损耗就越大，花费的成本也就越高。由于在研究中一般都假设相邻结点之间的路径长度相同，因此相邻结点间知识流动效应的差异就无法进行测度了。因此，需要利用网络结构的第二个特征聚合系数来区分。聚类系数描述的是一个结点的所有邻居之间在多大程度上相邻。它反映了两个结点通过各自相邻的结点连接在一起的可能性。知识流动效应和聚合系数呈正相关关系，因为聚合系数越大，网络的透明度就越高，就越有利于合作规范的形成。聚合系数大的结点会更加积极主动地进行知识流动，其知识流动效应也越就大（王晓红和张宝生，2011）。

除了结点和边这两个网络元素之外，结点和边的属性也是影响知识流动效应的重要因素。结点属性包括结点的知识解释能力、吸收能力、知识存量等，可以将它们统称为结点的合作能力。边的属性可以用结点间的距离、信息的便利性和结点间的关系强度三个方面来描述。知识流动效应与结点间的距离呈负相关关系，也就是说结点间距离越大则结点的差异就越大，物理空间间隔就越远，从而导致知识流动效应越小（Cummings & Teng, 2003）。知识流动效应与信息的便利性呈正相关关系，结点间信息越便利，结点间的联系就会越及时和便捷，知识流动效应就越大。知识流动效应与结点间的合作能力呈正相关关系，这意味着结点间的合作能力愈强，知识流动效应愈大。知识流动效应与关系强度一般呈正相关关系，关系越强结点之间就越愿意分享知识，越愿意为对方投入更多的时间和努力进行知识交流（任志安和毕玲，2007）。

2.4.2 社会网络视角下的区域创新网络研究

2.4.2.1 创新网络结构影响创新的研究

斯多波（Storper，1992）指出，创新网络内主体之间的协作可以从两个方面促进创新。其一是通过创新劳动的高水平分工和专业化，其二是通过协作为知识溢出提供渠道。格罗伯（Grabher，2000）认为网络内松散的链接为创新主体之间的相互学习和创新提供了条件。马尔和罗杰斯（Meagher & Rogers，2004）等人研究了知识溢出密度、网络密度对整个网络创新水平的影响，结果表明知识溢出过程对创新的影响是比较复杂的，研究创新需要更多的关注知识溢出过程的本质。本·肖－刘京等（Ben Shaw－Ching Liu et al.，2005）研究了网络结构对创新知识扩散的影响，他们从网络结构中抽象出了影响创新的两个变量即潜在的创新系数和模仿系数，研究表明网络的中心性和区域性对创新潜力具有积极影响，网络的约束性对创新潜力具有消极影响，而网络密度、集聚和嵌入等变量与模仿潜力正相关。

王辑慈（2001）区域创新网络内的行为主体可以共同创造一个普遍接受的行为模式，促进知识的流动和扩散，使创新主体获得一种外部的规模经济和范围经济，从而促进创新。陈晓荣等（2007）研究了网络的连接机制对创新扩散的影响，结果表明落后知识网络中具有高中心性的创新主体与先进知识网络中具有高中心性的主体进行合作，可以提高知识在网络中的扩散速度，促进落后知识网络整体知识水平的提升。

2.4.2.2 基于知识溢出的区域创新网络研究

区域知识创新网络内，类似或相关产业的企业、大学、科研机构、政府和中介组织之间在长期正式的交流与合作过程中形成一定的网络系统。区域知识创新系统内的知识溢出可以是水平式的也可以是垂直式的，垂直式的知识溢出主要发生在不同性质的企业和学研机构之间，水平式的知识溢出主要发生在同类性质的企业或学研究机构之间。一些学者针对区域创新网络内的知识溢出进行了研究。弗里曼（Freeman，1991）指出，集群创新网络内部存在知识溢出效应，该效应是促进集群创新网络发展的最根本的动力，是集群创新网络产生和创新效率提高的源泉。

魏江（2003）分析了小企业集群创新网络中知识溢出的经济性及其存在的意义，以及集群知识溢出的途径和影响因素，构建了知识溢出的动态控制机制。王子龙和谭清美（2004）认为区域创新网络内的正式或非正式互动学习使得网络内创新主体的研发活动产生了溢出效应，而知识溢出促使区域集聚经济、规模经济形成的同时也会导致区域内产品的趋同化和网络内部企业的竞争加剧。Nicola Brandt（2007）认为产业集群创新网络中的知识溢出可以是信息的自愿交换、雇员之间的非正式谈话、人员流动、甚至是工业间谍的结果。桂黄宝（2008）在分析区域创新网络内部知识溢出效应的基础上，提出了知识溢出的市场调节机制，他指出通过一定的制度安排会实现市场对知识溢出的自动调节，从而合理的控制和利用知识溢出，提高创新网络内部知识循环的运作效率，促进区域创新网络的螺旋式发展。

除了研究区域创新网络内的知识溢出效应外，还有部分学者关注知识溢出对创新网络结构的影响。金祥荣和叶建亮（2001）认为知识的溢出和外部性一方面会不断地吸引新的组织进入网络内，另一方面又会导致网络内部竞争不断加剧，从而限制了网络的扩散。因此，应该存在一个均衡的网络规模和最优的知识溢出水平使得整个集群网络的集聚效率最大化。

卢福财和胡平（2008）指出知识溢出是网络组织中知识共享顺利进行的基础，它可以改变网络成员自身的知识状况和知识结构。

刘满凤和唐厚兴（2011）开展的仿真研究表明，知识溢出对组织间知识分布会受到组织初始知识存量和交互阈值条件的影响，而这两个因素代表着不同发展阶段组织间在知识学习能力、吸收能力上的差异。因此，集群创新网络内组织间的知识有的表现为同化，有的表现为异化，而有的则表现为先同化后异化。

2.4.3　创新网络绩效的研究

吉峰和周敏（2006）利用关系资本、创新网络联结机制、主体创新能力等概念，探讨了区域创新网络中的创新绩效，对科技园区的研究表明，以往的合作经验、宏微观关系资本形成因素有助于区域创新网络主体间关系、互动、协同等网络联结机制的建立，进而提升创新绩效。来向红（2014）研究了基于社会资本和知识互补性两种不同的伙伴选择方式对创新网络绩效的影响，研究发现当创新破坏程度较低时，吸收对于网络中的知识流动起主导调节作用，基于社会资本选择合作伙伴形成的创新网络，其创新绩效优于根据知识互补性选择伙伴形成的创新网络；而当创新的破坏程度较高时，网络中知识流动主要由创新驱动，根据知识互补性选择合作伙伴形成的创新网络其创新绩效更高。郭骁（2011）证实了企业的外部创新网络强度对创新绩效具有显著的正向影响，合作式冲突会显著正向调节企业创新网络强度与创新绩效的关系，进一步放大创新网络强度的积极作用，更高效地转化为创新绩效。同时还发现，对抗式冲突和让步式冲突作为两种消极的冲突类型，两者对创新网络强度与创新绩效间关系的调节作用不显著。解学梅和左蕾蕾（2013）分析了知识吸收能力对企业协同创新网络特征与创新绩效的中介效应，发现知识吸收能力与企业创新绩效之间呈正相关关系，协同创新网络的网络规模、网络同质性、网络强度均与企业创新绩效之间呈正相关关系，知识吸收能力在协同创新网络特征与企业创新绩效之间存在着部分中介效应。王彦博和任慧（2015）对企业技术创新网络进行解耦研究，构建知识网络与合作网络互相嵌入的创新网络模型，分析其网络特性对创新绩效的影响机理。

2.4.4 研究评述

综观国内外学者从社会网络视角下对区域创新网络的研究，可以发现学者们针对区域创新网络的内涵、创新网络结构对创新的影响、创新网络内的知识溢出等问题展开了探索性的研究，这些研究成果很好地解释了区域创新网络促进创新的原因，证实了知识溢出效应的存在及其产生的原因。但是，就目前的研究来看，仍然存在着一定的不足，有待于进一步的充实和完善，具体体现在以下几个方面：

（1）从目前的研究方法来看，案例研究和定性研究居多，尚未形成一个清晰的、可以测度知识创新网络结构影响创新的研究模型，而且实证研究较为匮乏。

（2）有关区域知识创新网络内的知识流动与扩散的机理、影响知识流动与扩散的因素、网络内及网络间知识溢出影响创新的机理及测度等方面的研究还有待于进一步深入。

2.5　本章小结

对本书所涉及的理论基础进行了系统的整理和归纳。本书的理论基础主要有知识创新理论、知识溢出理论、知识扩散理论、社会网络理论视角下的创新网络等。

第3章 知识溢出影响区域知识创新机理的理论模型

3.1 研究变量的界定

本书的两个核心研究变量是知识溢出和区域知识创新。知识溢出影响区域创新模式，并且知识溢出在传导过程中对区域创新绩效产生影响。而在知识溢出传导过程中，区域知识创新网络和知识溢出吸收是两个重要的特征变量。因此，本书分别对四个研究变量进行界定。

3.1.1 区域间知识溢出

知识溢出是知识在生产和扩散过程中所表现出的外部性，知识接受者把获取的知识和自有知识相结合创造新的知识并从中获益，但是接受者却没有给予知识提供者相应的补偿，或所给予的补偿小于知识创造的成本。区域间知识溢出指的是在区域经济活动、知识创新活动以及其他社会活动过程中，知识在不同区域之间通过投资、人才流动、商品贸易和创新合作等渠道发生的知识溢出。本书所研究的区域间知识溢出包括知识溢出的发生、溢出知识的扩散和溢出知识的吸收。

区域间知识溢出既有无意识的也有有意识的。知识创新主体按照合作创新的相关规定主动将知识提供给其他合作主体，或主动与其他合作主体进行交流而产生的知识溢出属于有意识的知识溢出；而创新主体被动的非自愿的知识扩散和传播属于无意识的知识溢出（Pierre Dussauge et al.，2000）。这两种知识溢出都包含在本书的研究范围内。

3.1.2 区域知识创新

区域知识创新是一个地理意义上的概念，指的是区域内部所形成的知识生产、知识创新成果的转化和产业化、知识成果的扩散和反馈以及新知识生产之间的循环体系。区域知识创新是技术创新的基础，是新技术和新发明的源泉。同时，知识创新的转化一般需要通过技术创新来实现的，技术创新过程实际上是知识创新的转化过程，是区域内知识和经济一体化的过程（张婷，2006）。区域知识创新还是一个系统的概念，是区域创新体系的重要组成部分，根植于区域经济、社会和生态环境中。区域创新体系是由与知识的生产、扩散和转移相关的机构和组织构成的网络系统，它的系统结构包括知识网络结构和知识创新制度。

3.1.3 区域知识创新网络

美国加州大学伯克利分校教授安娜·李萨克森尼（Saxenian，1991），从社会网络和创新的共享文化角度，对网络很多学者从不同的角度对区域创新网络进行了界定。墨西哥的科罗拉·雷诺（Coronal Leonel）从技术创新层面将区域创新网络定义为：一定地理区域内的新技术企业孵化器、科技园区、研发中心、大学、咨询公司、工业生产、服务企业以及财务机构等通过某种方式与新产品、新工艺的发明、创新及扩散过程发生联系。美国加州大学伯克利分校教授安娜李·萨克森尼（Saxenian，1991）将区域创新网络定义为企业、大学研究机构、中介机构之间建立的产业合作网络、社会关系网络以及人际关系网络。库克（1996）在《区域创新系统：全球化背景下区域政府管理的作用》一书中，从演化经济学的视角定义了区域创新网络，指出当企业与区域内的大学、研究所、教育部门、金融机构等发生频繁互动时就形成了一个区域创新网络。王缉慈将区域创新网络定义为企业、大学、科研院所和地方政府等行为主体在长期正式或非正式合作过程中所形成的相对稳定的系统。盖文启（2002）在《创新网络：区域经济发展新思维》一书中，指出区域创新网络是指在一定地域范围内，各个行为主体（企业、大学、研究机构等）在交换作用与协同创新过程中，彼此之间建立起的各种相对稳定、能够促进创新的、正式和非正式的关系总和。

区域知识创新网络是区域创新网络的一种，但是目前还没有较为确切的针对区域知识创新网络的定义。笔者认为，区域知识创新网络指的是在一定的区域范围内，知识创新主体（包括个人、企业、大学、研究机构、政府、中介机构及金融机构等）以平等的身份在长期正式或非正式合作和交流关系以及一定区域文化和社会规范的基础上，以互动学习为主要方式结成的密切的关系网络。其目的在于促进知识的创新、扩散和利用，进而促进创新主体和整个区域创新水平的提升。

3.1.4　知识溢出吸收

由于知识具有公共物品的属性，因此一个区域的知识不仅会溢出到其他区域，而且该区域也会从其他区域获取自己所需要的知识资源。当发生知识溢出时，知识接受方需要理解、消化和吸收这些知识，只有经过学习、整合、再利用的吸收过程才能将转移过来的新知识保留下来，方能促进新知识价值的发挥。无论是个人、组织还是区域，如果缺乏知识吸收能力，即使已经意识到外部新知识的价值并积极学习，仍然无法发挥知识溢出的价值。洛伦佐尼等（Lorenzoni et al., 1999）认为吸收能力会直接影响知识的跨组织流动与共享，组织的吸收能力越强，其吸收转换外来新知识的速度与效率就越高。端木和法伊（Duanmu & Fai, 2007）也认为知识接受方对接受知识价值的预见、捕捉能力、其自身原有的知识存量、对知识的领悟吸收能力、思维能力、交往能力等智力因素和情感智商的高低直接影响知识溢出的效果。因此，一个区域获取、消化、吸收外部知识，并进一步进行知识创新的能力，对于区域知识创新水平的提高尤为重要。

一个区域知识吸收能力的提高不仅能够促进该区域对外部知识的识别、获取和利用，反过来还会增加区域的知识存量，由此形成了区域积极增加研发投入、提高知识吸收能力、提高区域知识存量的良性循环。这也恰好

解释了为什么美国、欧盟等发达国家和地区的科技水平能够一直处于世界
领先水平。这些国家和地区巨大的研发投入形成了雄厚的研发基础和知识
基础，使其不仅能够创造出有价值的知识，而且能够有效地从外部吸收、
利用新知识，如此一来又进一步增强了其科技实力。

究竟什么是吸收能力、如何度量吸收能力等问题目前学术界还没有达
成共识。金姆（Kim，1998）认为吸收能力包括学习能力和解决问题的能
力，其中学习能力指的是理解和吸收新知识的能力，而解决问题的能力指
的是创造新知识的能力。扎赫拉和乔治（Zahra & George，2002）从企业的
角度把吸收能力定义为获得、消化、转移和利用知识的一系列组织惯例和
过程，是一种与创造和利用知识有关的，影响竞争优势的获得和保存知识
的动态能力，可以分为获得和消化知识的潜在吸收能力和转移、利用知识
的现实吸收能力。

笔者认为区域知识吸收能力是以区域知识存量为基础，在对内外部知
识进行识别、捕捉、评价、消化并与原有知识进行有效的整合、利用并创
造新知识等一系列活动中表现出的胜任能力。

3.2　理论模型的构建

从新知识产生到被其他主体接受和掌握的过程大致可以细分为溢出产
生过程、传导过程和吸收再创新过程。知识的溢出产生过程是基础，传导
过程是关键，吸收和再创新过程是升华。知识溢出产生之后，接受者不需
要付出购买成本，但是需要花费学习成本，因此创新主体在对溢出的知识
进行分析之后，决定是否接受知识。只有接受了溢出的知识才能在其基础
上进行升华创造出新的知识。因此，知识的传导过程就决定了知识溢出的
成功与否。此外，知识传播的网络对知识传导效果有着重要的影响。传播
网络越发达，知识传导速度越快、传播范围越大、传播过程中的损失越小，
知识能更好地到达接受主体。

　　基于上述分析可以发现，要研究知识溢出影响区域知识创新的机理需要回答两个问题：第一，知识溢出为什么会影响区域知识创新；第二，知识溢出如何影响区域知识创新。为了解答这两个问题，本书构建了知识溢出影响区域知识创新机理的理论模型，如图3-1所示。要回答第一个问题就需要弄清楚知识溢出对于区域创新行为决策、创新绩效会产生什么样的影响。为回答第一个问题，本书将分析知识溢出对区域创新竞争和区域协同创新两种创新模式选择的影响，并进一步分析在区域协同创新模式下区分知识内溢和知识外溢时，知识外溢对协同创新绩效和创新投入的影响。鉴于吸收能力是影响知识认知过程的重要因素，在进行上述分析时都将考虑吸收能力的影响。为了回答第二个问题，本书将分析知识溢出对区域创新网络结构的影响。因为创新网络是知识创新活动开展以及创新知识扩散的重要平台。

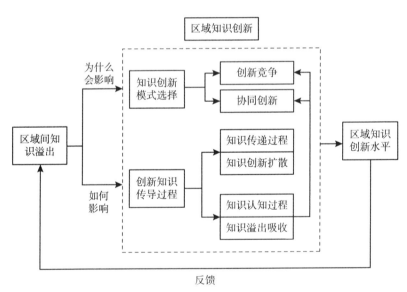

图3-1　知识溢出影响区域知识创新机理的理论模型

3.3　本　章　小　结

首先界定了本书研究所涉及的主要变量，包括知识溢出、知识创新、知识扩散、知识溢出吸收。然后，构建了知识溢出影响区域知识创新机理的理论模型。

第4章　知识溢出影响区域知识创新行为的机理及测度

4.1 知识溢出影响区域知识创新
模式选择行为的机理及测度

4.1.1 区域知识创新的竞争模式与协同模式

4.1.1.1 区域创新的竞争模式

区域竞争是市场经济体制下普遍存在的经济现象，它在提高资源配置效率、区域竞争力和竞争优势等方面具有显著的积极意义。近年来，区域竞争日趋白热化，而创新型国家的建设，需要有一个允许竞争、鼓励公平竞争的创新环境，以最大限度地发挥各个层面的创新积极性。

在市场经济体制下，竞争无处不在。正是竞争压力的存在，使得创新主体不断追求技术领先、树立技术壁垒、打造技术高地以赢得竞争优势。在区域竞争压力下，很多地方政府也致力于将本区域的资金供给和有限的研发力量结合起来，构建本区域的知识创新体系，以期提高本区域的自主创新能力，繁荣地方经济。因此，区域之间经常为争夺创新资金、创新人才而进行恶性竞争。例如，很多地方政府为了增加地方税收、促进地方经济发展，都出台各种政策鼓励科技成果在本区域内部转化和应用，而很少鼓励科技成果扩散到区域之外。这是非常典型的封闭式、竞争式的区域创新模式。

4.1.1.2 区域创新的协同模式

协同的概念最早是由德国学者哈肯（Haken，1971）在系统论中提出的，指的是通过相互协调、合作或同步的联合作用及集体行为，而产生了"1 + 1 > 2"的协同效应。协同创新是一种复杂的创新方式，它不是单纯就某个具体的创新项目进行合作,而是一个有组织、有计划、有保障的系统工程。在协同创新过程中,知识创新主体之间通过深入合作和资源(技术、社会、经济等方面的因素)整合,产生包括网络效应、学习效应、规模效应、集群效应、非线性创新效应等在内的多种效应。区域协同创新并不是一个自发的过程,因为不同区域各个创新主体的利益诉求和出发点各不相同,如果缺乏宏观调控的引导和一定制度的安排,效果可能是负面的,某个区域的个体理性会导致群体区域的非理性,单个区域的利益最优可能会导致群体区域的利益最小化。

4.1.2 知识溢出对区域知识创新模式选择的影响

随着经济全球化步伐的不断加快,市场环境、社会环境、技术环境瞬息万变,封闭的竞争式知识创新模式的局限性日益凸显出来,而以开放、合作、共享为特征的协同知识创新模式能够更好地调动各个层面创新主体的积极性和创造性。实施跨学科、跨部门、跨行业、跨区域的深度合作和开放创新,对于加快不同领域、不同区域以及知识创新链各环节之间的知识融合与扩散,显得更为重要。

对于一个区域而言,其知识创新模式的选择要受到众多因素的影响。其中,知识溢出是影响区域知识创新模式选择的一个不可忽视的因素。但是,知识溢出对协同知识创新模式的影响具有两面性,使得创新主体在选择创新模式时很难直接抛弃竞争式创新,而选择协同创新。知识溢出对区域协同知识创新的积极和消极影响主要体现在以下几个方面:

4.1.2.1 知识溢出对协同知识创新的积极影响

(1)知识溢出为协同知识创新模式提供知识基础。协同知识创新模式的主旨是整合参与主体的共有知识进行新知识的生产。通过协同把各个参与主体的相关知识整合在一起形成知识池(如图 4 - 1 所示),实现知识资源的优势互补,在吸收、整合知识池共享知识的基础上创造新知识。

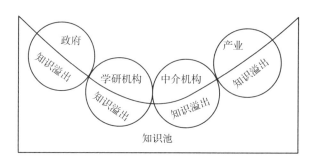

图 4 - 1   协同知识创新模式的知识池

协同知识创新的关键是参与主体主动把各自的私有知识贡献出来，在
此过程中必然发生知识溢出。因此，如果参与主体不主动分享自己的私有
知识，集中到知识池里的知识就很少，协同知识创新也就失去了知识基础。
另外，由于协同创新是参与主体跨越组织边界进行多方合作的行为，其知
识创新不拘泥于各自的知识积累，可以充分使用知识池中的共享知识，所
以在创新中知识溢出成为必然现象。

（2）知识溢出决定协同知识创新模式的成效。由图 4 - 1 可以看出，政
府、产业、学研机构和中介机构就像飘浮在知识池里的球，球的体积主要
取决于其知识广度，球的质量主要取决于其知识存量，球的体积和质量越
大，被知识池覆盖的面积就越大，其向知识池溢出的知识就越多，同时也
可以从知识池吸收更多的知识。在协同知识创新过程中，溢出的知识越多，
知识池里的共享知识就越多，会吸引更多的创新主体加入，彼此之间的交
流就会更频繁、更顺畅，从而使得创新更容易实现。相反地，如果创新主
体知识溢出很少，知识池就比较浅，缺乏足够的知识资源，不能吸引更多
的创新主体，各参与者之间的交流也受到制约，协同知识创新也就如同无
米之炊，难以进行。

一般而言，新知识是学科交叉碰撞所导致的结果。因此，当多种类型
的创新主体（如企业、高校、科研院所等）合作创新，形成学科交叉和融
合的时候，就能够实现知识资源的优势互补，从而加快知识创新过程。协
同知识创新模式正是基于该原理提出的。但是，协同合作只是一种外在的

形式，协同知识创新模式的成效还要依赖于知识溢出，因为只有当知识创新主体溢出足够多的知识时，彼此之间才能更好地进行知识交叉和融合，从而促进知识创新的发生。

（3）知识溢出是协同知识创新模式的引擎。在知识经济时代，知识在竞争中发挥着至关重要的作用，拥有先进的专门知识就掌握了竞争的主动权。因此，组织创造新知识的能力成为其成功与否的关键。组织的知识一方面源于"干中学"的长期学习和积累；另一方面可以通过模仿、购买和合作等方式从其他组织获取。通过内部积累创造知识一般需要较长的时间和较高的投入，并且很难实现技术轨道的跃迁。通过外部获取新知识恰恰解决了这些问题，因此成为组织提升技术水平的重要方式。但是，随着组织保护私有知识的力度不断加大，获取外部知识的难度也不断加大（杨玉秀和杨安宁，2008）。而在协同知识创新模式中，参与主体需要按约定共享相关的私有知识。另外，参与主体在交流和接触过程中还会发生被动的知识溢出。知识溢出的存在，为协同知识创新提供了动力支持。

4.1.2.2 知识溢出对协同知识创新的消极影响

（1）知识溢出遏制协同知识创新模式的成功。协同知识创新模式强调知识的交流和共享，即要求参与主体提供自有知识作为共享知识，而共享知识具有公共产品的特征。因此，共享知识的提供容易出现机会主义行为，即"搭便车"行为。在协同知识创新过程中该现象具体表现为最大限度地利用他人所提供的知识，而不愿意提供或仅仅向他人提供少量的自有知识。相关研究表明，在知识溢出水平比较低的情形下，采取协同知识创新的收益反而低于不合作时的收益，于是很多主体不会选择协同知识创新模式。尤其是对于以高水平的交易专用投资为特征的合作，知识溢出方存在被剥削的现象。交易成本经济学指出，高水平的交易专用投资可能使知识溢出方遭受机会主义行为的严重威胁，这样的合作是不稳定的。因此，知识溢出过程中的机会主义行为遏制了协同知识创新模式的成功。

（2）被动知识溢出削弱参与者的竞争优势。当创新主体所拥有的知识非常稀缺、非常有价值而且很难模仿时，这种知识就可以增强其竞争优势。但是，当该知识被合作伙伴获得时，这种知识的稀缺性、可模仿性就会受到影响，从而在不同程度上削弱其竞争优势。可见，在合作过程中，知识的被动溢出会缩短溢出者保持竞争优势的时间，导致其获得的理查德（Richardian）租金（通过知识产权、商业秘密等稀有资源获取的价值）减少。例如，苹果公司曾邀请微软公司合作为 Mac 产品开发数据库和图形应用程序，但忽视了该过程中的被动知识溢出，使微软公司获取了苹果图形用户界面（Graphical User Interface，GUI）产品的关键技术，导致苹果公司丧失了独特的竞争优势（Patricia M. Norman，2001）。因此，很多企业因害怕被动知识溢出而拒绝参与协同知识创新。

（3）知识溢出引发道德风险。由于知识具有一定的相关性和不可分割性，所以协同创新主体在知识创新的互动和交流过程中往往无意识地泄露一些重要的私密知识。尤其是彼此之间存在着竞争关系或潜在竞争关系的合作者，会故意利用这样的机会盗取对方的重要知识，给溢出方造成巨大的损失。协同创新者在合作之前就能够充分预见这种事情发生的可能性，于是为了规避知识泄露的风险，在合作过程中会故意隐藏自己的知识资源，不把最好的资源和能力用于协同知识创新，引发了协同创新的道德风险。例如，在合作之初约定让最优秀的工程师参与协同知识创新，但由于担心知识溢出带来的风险，某个合作主体不会派出最优秀的工程师，而是仅仅派出一个专业训练足以学会其他工程师所共享和溢出的知识却还不足以对协同创新做出实际贡献的工程师。

4.1.3 知识溢出影响区域知识创新模式选择的模型分析

4.1.3.1 模型的构建

考虑两个区域都期望提高自身的知识创新水平，并在本区域内投入研发资金，假设他们决定共同开发某一类型的高技术产品，但是两个区域在经济实力、创新水平、吸收能力等方面存在差异，总体上看一个区域综合实力较强，另一个区域综合实力较弱。该情形与斯塔克博格模型的条件一致。用 q_L、q_F 表示两个区域的产品产量即他们的策略空间，q_L、q_F 的取值为 $[0, Q_{max})$ 中的所有实数，其中 Q_{max} 可以看做是不至于使价格降低到亏本的最大限度产量，或者是最大限度产量和区域生产能力中较低的一个水平；假设区域 1 是领导者，先进行选择，区域 2 追随其后；设价格函数为

$$P = a - (q_L + q_F) \tag{4.1}$$

$$Q = q_L + q_F \tag{4.2}$$

其中，a 为需求函数的外生参数，P 为产品的价格，Q 为总产量。

假设区域 $i(i=1, 2)$ 的吸收能力为 x_i，$0 \leq x_i \leq 1$，r_i 为区域 i 的研发投入，与研发投入相伴的是知识溢出 $\beta(0 \leq \beta \leq 1)$；当区域 i 的研发投入为 r_i 时，其知识溢出水平是 βr_i，而被其对手区域 $j(j=1, 2)$ 吸收（吸收能力为 x_j）的溢出水平为 $x_j \beta r_i (0 \leq x_j \leq 1)$。因此，区域 i 的实际研发水平 R_i 是其自身的研发投入水平和吸收的来自竞争对手的研发投入水平之和，即

$$R_i = r_i + x_i \beta r_j \tag{4.3}$$

区域 i 的产品成本 C_i 随着本区域的知识创新而降低，同时其他区域的知识创新成果的溢出也会使其成本降低，因此存在下列关系：

$$C_i(q_i, R_i) = (A - R_i)q_i \tag{4.4}$$

其中，$r_i + x_i \beta r_j < A < a$。

另外，设区域 i 的研发成本函数是 $\frac{1}{2}\rho r_i^2$（$\rho > 0$），它是区域研发投入的二次函数，表示随着区域研发投入的增加，其研发成本也在逐渐上升，且研发投入越多，其研发成本增加得越快。其中，ρ 表示区域的研发成本系数，ρ 值越大表示区域的研发效率越低（宋之杰和孙其龙，2009）。

因此，区域 i 的利润函数可以表示为：

$$u_i = [a - Q - (A - R_i)]q_i - \frac{1}{2}\rho r_i^2 \tag{4.5}$$

4.1.3.2 模型的分析

运用逆推归纳法分析该博弈，可以找到其子博弈完美纳什均衡。

首先，两个区域选择最优的产量水平。根据逆推法的思路，先分析第二个阶段追随者区域的决策。在第二阶段，当追随者区域进行决策时，领导者区域选择的 q_L 实际上已经确定了。因此，对于追随者区域来说，相当于是在给定 q_L 的情况下求使得 u_F 最大的 q_F。这样 q_F 必须满足 $a - A + R_F - q_L - 2q_F = 0$，即

$$q_F = \frac{1}{2}(a - A + R_F - q_L) \tag{4.6}$$

领导者区域也会预测到追随者区域会按照式（4.6）确定产量 q_F^*，所以可以直接将式（4.6）代入其利润函数，这样领导者区域的利润函数实际上转化成了其产量的一元函数：

$$u_L(q_L, q_F^*) = \left[a - \left[q_L + \frac{1}{2}(a - A + R_F - q_L) \right] - (A - R_L) \right] q_L - \frac{1}{2}\rho r_L^2$$

$$= \left(\frac{3a}{2} - \frac{3A}{2} + \frac{R_F}{2} + R_L \right) q_L - \frac{3}{2}q_L^2 - \frac{1}{2}\rho r_L^2 \tag{4.7}$$

换言之，当把追随者区域的反应方式考虑进来以后，领导者区域的利润就完全可以由自己控制了。因此，领导者区域可以直接根据式（4.7）求出使得自身利润最大的 q_L^*。令 $q_L = q_L^*$ 时，式（4.7）对 q_L 的导数等于0，可以得到

$$q_L = \frac{1}{2}a - \frac{1}{2}A + \frac{1}{6}R_F + \frac{1}{3}R_L \tag{4.8}$$

此时，追随者区域的最佳产量是

$$q_F = \frac{1}{4}a - \frac{1}{4}A + \frac{5}{12}R_F - \frac{1}{6}R_L \tag{4.9}$$

从而可以得出均衡时两个区域的利润表达式为

$$u_L = \frac{1}{8}(a - A)^2 + \frac{1}{2}(a - A)\left(\frac{2x_F\beta}{3} + 1 \right)r_L + \frac{1}{2}(a - A)\left(x_L\beta - \frac{1}{2} \right)r_F$$

$$+\left(\frac{1}{3}x_L x_F \beta^2 + \frac{1}{72}x_F \beta + \frac{5}{9}x_L \beta - \frac{1}{18}\right)r_L r_F + \left(\frac{7x_F \beta}{12} + \frac{5}{6}\right)\left(\frac{x_F \beta}{6} + \frac{1}{3}\right)r_L^2$$

$$+\left(\frac{5x_L \beta}{6} - \frac{7}{12}\right)\left(\frac{x_L \beta}{3} + \frac{1}{6}\right)r_F^2 - \frac{1}{2}\rho r_L^2 \qquad (4.10)$$

$$u_F = \frac{1}{16}(a-A)^2 + \frac{1}{2}(a-A)\left(\frac{5}{12} - \frac{1}{6}x_L \beta\right)r_F + \frac{1}{2}(a-A)\left(\frac{5x_F \beta}{12} - \frac{1}{6}\right)r_L$$

$$+2\left(\frac{5}{12} - \frac{1}{6}x_L \beta\right)\left(\frac{5x_F \beta}{12} - \frac{1}{6}\right)r_L r_F + \left(\frac{5}{12} - \frac{1}{6}x_L \beta\right)^2 r_F^2$$

$$+\left(\frac{5x_F \beta}{12} - \frac{1}{6}\right)^2 r_L^2 - \frac{1}{2}\rho r_F^2 \qquad (4.11)$$

由式（4.10）和式（4.11）可以看出：当知识创新实力较强区域的研发投入增加时，该区域的均衡产量和均衡利润都变大，而实力较弱区域的均衡产量和均衡利润都降低，而且区域吸收能力的提高，有利于促进该区域产量和利润的增加，进而提高该区域竞争能力。

在竞争的第二个阶段，两个区域确定最佳的研发投入水平，即两个区域确定研发投入的纳什均衡解（r_L^*，r_F^*），该纳什均衡解满足以下条件：

$$\frac{\partial u_L^*}{\partial r_L^*} = \frac{\partial u_F^*}{\partial r_F^*} = 0 \qquad (4.12)$$

为了便于研究，我们只考虑对称的情况，即 $x_L = x_F = x$。

因此，$\dfrac{(a-A)}{2}\left(\dfrac{5}{12} - \dfrac{x\beta}{6}\right) + \left(\dfrac{5}{6} - \dfrac{x\beta}{3}\right)\left(\dfrac{5x\beta}{12} - \dfrac{1}{6}\right)r_L + 2\left(\dfrac{5}{12} - \dfrac{x\beta}{6}\right)^2 r_F - \rho r_F = 0$

$\dfrac{(a-A)}{2}\left(\dfrac{2x\beta}{3} + 1\right) + \left(\dfrac{x^2\beta^2}{3} + \dfrac{41x\beta}{72} - \dfrac{1}{18}\right)r_F + 2\left(\dfrac{7x\beta}{12} + \dfrac{5}{6}\right)\left(\dfrac{x\beta}{6} + \dfrac{1}{3}\right)r_L - \rho r_L = 0$

为了保证在最优研发水平时利润函数存在极大值，需要保证二元函数 $f_L = u_L(r_L, r_F)$ 和 $f_F = u_F(r_F, r_L)$ 有极值点，要求 $B^2 - DC > 0$，且 $D < 0$。$D_1 = f''_{Lr_L r_L}$，$B_1 = f''_{Lr_L r_F}$，$C_1 = f''_{Lr_2 r_2}$，$D_2 = f''_{Fr_F r_F}$，$B_2 = f''_{Fr_F r_L}$，$C_2 = f''_{Fr_L r_L}$。

$$B_1^2 - D_1 C_1 = \left(\frac{x^2\beta^2}{3} + \frac{41x\beta}{72} - \frac{1}{18}\right)^2 - 2\left[2\left(\frac{7x\beta}{12} + \frac{5}{6}\right)\left(\frac{x\beta}{6} + \frac{1}{3}\right) - \rho\right]$$

$$\left(\frac{5x\beta}{6} - \frac{7}{12}\right)\left(\frac{x\beta}{3} + \frac{1}{6}\right) > 0$$

$$B_2^2 - D_2 C_2 = \left(\frac{5}{6} - \frac{x\beta}{3}\right)^2 \left(\frac{5x\beta}{12} - \frac{1}{6}\right)^2 - 2\left[2\left(\frac{5}{12} - \frac{x\beta}{6}\right)^2 - \rho\right]\left(\frac{5x\beta}{12} - \frac{1}{6}\right)^2 > 0$$

当 $D_1 < 0$ 即 $\dfrac{\partial^2 u_L}{\partial r_L^2} < 0$，$D_2 < 0$ 即 $\dfrac{\partial^2 u_F}{\partial r_F^2} < 0$ 时，利润函数 u_L 和 u_F 有极大值，该条件为

$$2\left(\frac{7x\beta}{12} + \frac{5}{6}\right)\left(\frac{x\beta}{6} + \frac{1}{3}\right) - \rho < 0, \ 2\left(\frac{5}{12} - \frac{x\beta}{6}\right) - \rho < 0$$

由 β 的取值范围限定在 $[0, 1]$，x 的取值范围限定在 $[0, 1]$，得出

$$\rho > \frac{17}{12}$$

为保证最优研发投入的存在，在分析过程中，假设该条件一直成立。

在第二个阶段，假设区域在产品市场上进行竞争，而在研发阶段存在两种可选择的情形，一种情形是进行研发竞争，另一种情形是进行研发合作。

（1）研发竞争。仍然考虑对称的情形即 $x_L = x_F = x$，每个区域都追求自身利润的最大化，可以求得两个区域的最优研发投入为

$$r_L^* = \frac{-3\left[(a-A)(864\rho - 320 - 80x^3\beta^3 + 150x^2\beta^2 + 253x\beta + 576\rho x\beta)\right]}{296x^4\beta^4 - 374x^3\beta^3 - (1296\rho + 1439)x^2\beta^2 + (926 - 2016\rho)x\beta + 960 + 5184\rho^2 - 4680\rho}$$

$$(4.13)$$

$$r_F^* = \frac{-6\left[(a-A)(-69x^2\beta^2 + 72\rho x\beta + 26x^3\beta^3 - 180\rho + 160)\right]}{296x^4\beta^4 - 374x^3\beta^3 - (1296\rho + 1439)x^2\beta^2 + (926 - 2016\rho)x\beta + 960 + 5184\rho^2 - 4680\rho}$$

$$(4.14)$$

由式（4.13）和式（4.14）可以求得最优研发投入关于区域知识吸收能力的一阶导数，得出

$$\frac{\partial r_L^*}{\partial x} = \frac{(a-A)(-720x^2\beta^3 + 900x\beta^2 + 759\beta + 1728\rho\beta)}{296x^4\beta^4 - 374x^3\beta^3 - (1296\rho + 1439)x^2\beta^2 + (926 - 2016\rho)x\beta + 960 + 5184\rho^2 - 4680\rho}$$
$$- \frac{(a-A)(-240x^2\beta^3 + 450x^2\beta^2 + 759x\beta + 1728x\rho\beta - 960 + 2592\rho)}{[296x^4\beta^4 - 374x^3\beta^3 - (1296\rho + 1439)x^2\beta^2 + (926 - 2016\rho)x\beta + 960 + 5184\rho^2}$$
$$\frac{}{- 4680\rho]^2 (926\beta - 1122x^2\beta^3 - 2878x\beta^2 + 1184x^3\beta^4 - 2016\beta\rho - 2592\rho x\beta^2)}$$

$$(4.15)$$

$$\frac{\partial r_F^*}{\partial x} = \frac{(a-A)(828x\beta^2 - 432\rho\beta - 468x^2\beta^3 + 324\beta)}{296x^4\beta^4 - 374x^3\beta^3 - (1296\rho + 1439)x^2\beta^2 + (926 - 2016\rho)x\beta + 960 + 5184\rho^2 - 4680\rho}$$

$$-\frac{(a-A)\left(156x^3\beta^3+414x^2\beta^2+324x\beta+432\rho x\beta-960+1080\rho\right)}{\left[296x^4\beta^4-374x^3\beta^3-(1296\rho+1439)x^2\beta^2+(926-2016\rho)x\beta+960+5184\rho^2\right.}$$
$$\left.-4680\rho\right]^2\left(926\beta-1122x^2\beta^3-2878x\beta^2+1184x^3\beta^4-2016\beta\rho-2592\rho x\beta^2\right)$$

$$(4.16)$$

因此，通过计算可以得出，对于处于领导者地位的区域而言，研发投入是吸收能力的增函数；而对于处于追随者地位的区域而言，当研发成本系数较大（即 $\rho>3.2$ 时）研发投入是吸收能力的减函数；当研发成本系数不是特别大（即 $\frac{17}{12}<\rho<\frac{16}{5}$ 时）吸收能力对研发投入的影响有正有负，其影响主要取决于知识溢出系数 β。

由式（4.13）和式（4.14）还可以求得最优研发投入关于区域知识溢出的一阶导数，得出

$$\frac{\partial r_L^*}{\partial\beta}=\frac{(a-A)\left(-720x^3\beta^2+900x^2\beta+759x+1728\rho x\right)}{296x^4\beta^4-374x^3\beta^3-(1296\rho+1439)x^2\beta^2+(926-2016\rho)x\beta+960+5184\rho^2-4680\rho}$$
$$-\frac{(a-A)\left(-240x^3\beta^3+450x^2\beta^2+759x\beta+1728\rho x\beta-960+2592\rho\right)}{\left[296x^4\beta^4-374x^3\beta^3-(1296\rho+1439)x^2\beta^2+(926-2016\rho)x\beta+960+5184\rho^2\right.}$$
$$\left.-4680\rho\right]^2\left(926x-1122x^3\beta^2-2878x^2\beta+1184x^4\beta^3-2016x\rho-2592\rho x^2\beta\right)$$

$$(4.17)$$

$$\frac{\partial r_F^*}{\partial\beta}=\frac{(a-A)\left(828x^2\beta-432x\rho-468x^3\beta^2+324x\right)}{296x^4\beta^4-374x^3\beta^3-(1296\rho+1439)x^2\beta^2+(926-2016\rho)x\beta+960+5184\rho^2-4680\rho}$$
$$-\frac{(a-A)\left(-156x^3\beta^3+414x^2\beta^2+324x\beta-432\rho x\beta-960+1080\rho\right)}{\left[296x^4\beta^4-374x^3\beta^3-(1296\rho+1439)x^2\beta^2+(926-2016\rho)x\beta+960+5184\rho^2\right.}$$
$$\left.-4680\rho\right]^2\left(926\beta-1122x^3\beta^3-2878x^2\beta+1184x^4\beta^3-2016x\rho-2592\rho x^2\beta\right)$$

$$(4.18)$$

因此，通过计算可以得出，对处于领导者地位的区域而言，研发投入是知识溢出的增函数；而对于处于追随者地位的区域而言，当研发成本系数较大（即 $\rho>3.2$ 时）研发投入是知识溢出的减函数；当研发成本系数不是特别大（即 $\frac{17}{12}<\rho<\frac{16}{5}$ 时）知识溢出对研发投入的影响有正有负，其中主要受到吸收能力 x 的影响（Hu Caimei，2010）。

通过上述分析可以看出，处于领导者地位的区域，随着自身吸收能力的增强以及来自其他区域知识溢出的增多，区域的研发投入水平会提高。

这意味着，在知识溢出效应较强的情况下，如果创新的领导者知识吸收能力很强就可以从创新过程中获得更多的利益，进而会激发其进行知识创新的积极性，促使其增加知识创新投入。

而对于处于追随者地位的区域，当研发成本系数较大时，随着其区域吸收能力的增强以及其他区域知识溢出的增加，区域的研发投入水平会降低。这说明，处于追随者地位的区域因其抗风险能力、对市场的控制能力都比较低，如果能够从外部吸收更多的相关知识，就容易产生"搭便车"的投机心理，导致该区域减少研发投入。

（2）研发合作。如果两个区域以组建知识创新联盟的方式进行协同知识创新，那么两个区域就会以联盟收益最大化作为合作目标，即

$$\max u_c = u_L + u_F \tag{4.19}$$

由于两个区域在产品阶段仍然进行竞争，因此，协同创新时的均衡产量与非协同时的相同。因此，只需要从第二个阶段开始分析，类似于非协同情况，可以求得进行协同知识创新时的均衡研发投入为：

$$r_c^* = \frac{3\left[(a-A)(-11x\beta-15)-12x\beta+6\right]}{111x^2\beta^2 + 140x\beta + 27 - 144\rho} \tag{4.20}$$

对式（4.20）中的吸收能力 x 求一阶导数，得到：

$$\frac{\partial r_c^*}{\partial x} = \frac{3\beta\left[-11(a-A)-12\right]}{111x^2\beta^2 + 140x\beta + 27 - 144\rho} - \frac{3\left[(a-A)(-11x\beta-15)-12x\beta+6\right]}{(111x^2\beta^2 + 140x\beta + 27 - 144\rho)^2}(222x\beta^2 + 140\beta)$$

$$\tag{4.21}$$

由式（4.21）可以得出，对于创新联盟而言均衡研发投入是吸收能力的增函数。

对式（4.20）中的知识溢出效应 β 求一阶导数，得到：

$$\frac{\partial r_c^*}{\partial \beta} = \frac{3x\left[-11(a-A)-12\right]}{111x^2\beta^2 + 140x\beta + 27 - 144\rho} - \frac{3\left[(a-A)(-11x\beta-15)-12x\beta+6\right]}{(111x^2\beta^2 + 140x\beta + 27 - 144\rho)^2}(222x^2\beta + 140x)$$

$$\tag{4.22}$$

由式（4.22）可以得出，对于创新联盟而言均衡研发投入是知识溢出的增函数。

通过上述分析可以看出，当进行协同创新时，吸收能力越强，在协同

创新过程中吸收的知识溢出就越多，研发投入的积极性就越高。

4.1.4 算例分析

利用 Matlab7.0 软件对区域知识创新竞争与协同创新两种模式下的结果进行数值模拟。首先，对模型中的参数进行赋值，令 $a=20$，$A=10$，$\rho=4$，$x=0.8$（本章的数值模拟都是基于这样的参数假设）。在协同创新时，创新利润和均衡研发投入都是按照一个区域来研究的。

4.1.4.1 知识溢出对知识创新利润的影响

利用式（4.10）、式（4.11）以及式（4.19）对两个区域在创新竞争和协同创新模式下的知识溢出以及均衡收益进行数值模拟，结果如图 4 - 2 至图 4 - 5 所示。

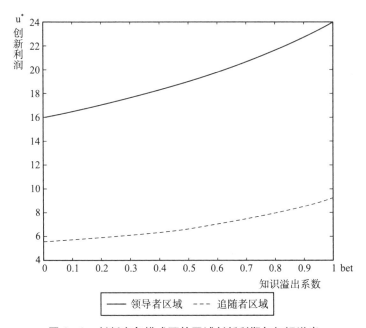

图 4 - 2 创新竞争模式下的区域创新利润与知识溢出

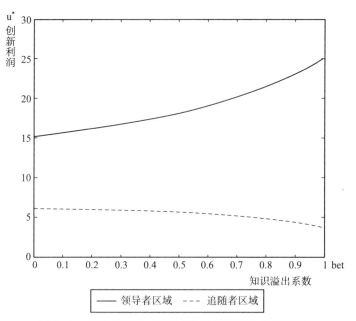

图 4-3　协同创新模式下的区域创新利润与知识溢出

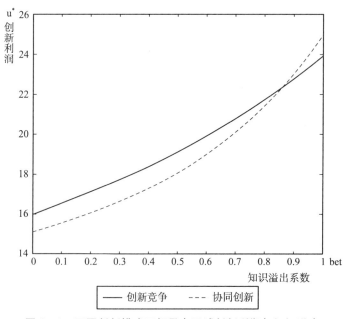

图 4-4　不同创新模式下领导者区域创新利润与知识溢出

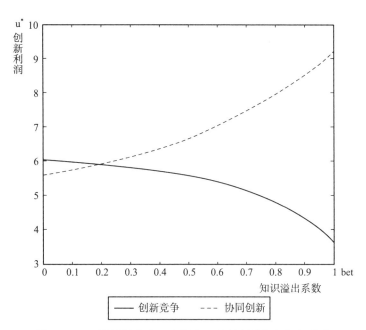

图 4 – 5　不同创新模式下追随者区域创新利润与知识溢出

　　由图 4 – 2 可以看出，如果区域采用竞争模式进行知识创新，无论是领导者区域还是追随者区域，创新利润都随着对方知识溢出系数的提高而增加，而且领导者的创新利润要远远高于追随者。由图 4 – 3 可以看出，如果区域采用协同创新模式进行知识创新，对于领导者区域而言，创新利润随着对方知识溢出系数的提高而增加；对于追随者区域而言，创新利润随着对方知识溢出系数的提高而减少。也就是说，在协同创新模式下，知识溢出对追随者略显不利。

　　由图 4 – 4 可以看出，对于领导者区域而言，无论是在创新竞争还是协同创新模式下，知识创新收益均随着对方知识溢出系数的提高而增加。只有当对方知识溢出水平非常高时（即知识溢出系数 β 接近 1 时），协同创新的收益会高于创新竞争，也就是说在这种情况下，领导者区域进行协同创新的积极性会比较高。

　　由图 4 – 5 可以看出，对于追随者区域而言，创新竞争的利润随着对方知识溢出系数的提高而增加，而协同创新的利润随着对方知识溢出系数的提高而减少。当知识溢出系数比较小时（即 $\beta < 0.3$），协同创新的利润大

于创新竞争时的利润。

4.1.4.2 知识溢出对研发投入的影响

由图4－6可以看出，在创新竞争模式下，领导者区域的均衡研发投入随
着知识溢出系数的提高而增加，而追随者区域的均衡研发投入随着知识溢出
系数的提高而减少。并且领导者区域的均衡研发投入要高于追随者区域。

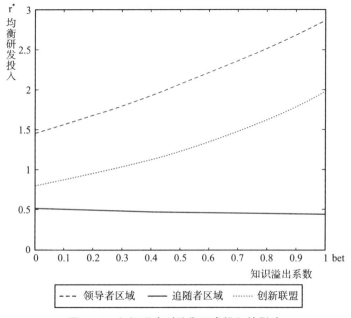

图4－6　知识溢出对均衡研发投入的影响

在协同创新模式下，创新联盟的均衡研发投入随着知识溢出系数的提
高而增加。换言之，在协同创新模式下，知识溢出效应能够刺激创新联盟
增加研发投入。

4.1.4.3 考虑吸收能力时知识溢出对创新利润的影响

在考虑区域知识吸收能力的前提下，将吸收能力系数设定为不同的
数值对不同创新模式下知识溢出对区域创新利润的影响进行模拟，结果
如图4－7至图4－10所示。

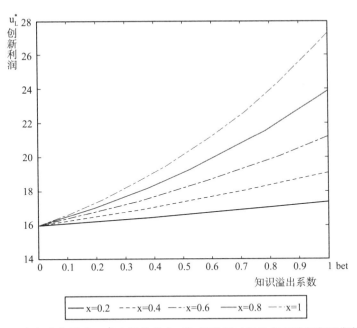

图 4 - 7　创新竞争模式下考虑吸收能力时知识溢出对领导者区域创新利润的影响

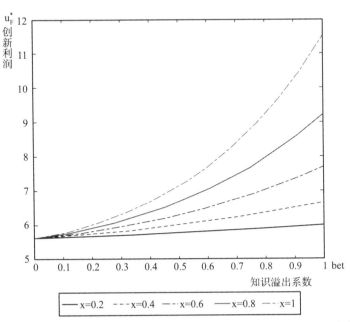

图 4 - 8　创新竞争模式下考虑吸收能力时知识溢出对追随者区域创新利润的影响

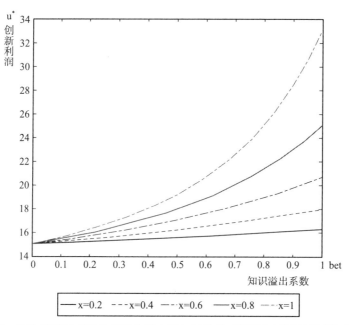

图 4-9　协同创新模式下考虑吸收能力时知识溢出对领导者区域创新利润的影响

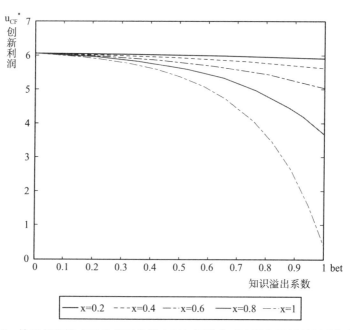

图 4-10　协同创新模式下考虑吸收能力时知识溢出对追随者区域创新利润的影响

由图 4 – 7 可以看出，在创新竞争模式下，对于领导者区域而言，创新利润随着知识溢出系数的提高而增加，并且随着吸收能力的增强知识溢出对创新利润的影响逐渐增强。因为，随着吸收能力的增强，知识溢出可以得到更加充分的吸收，进而转化为创新利润。

由图 4 – 8 可以看出，在创新竞争模式下，对于追随者区域而言，创新利润随着知识溢出系数的提高而增加，并且随着吸收能力的增强知识溢出对创新利润的影响逐渐增强。结论与领导者区域是一致的。

由图 4 – 9 可以看出，在协同创新模式下，对于领导者区域而言，创新利润随着知识溢出系数的提高而增加，并且随着吸收能力的增强知识溢出对创新利润的影响逐渐增强。研究结论与创新竞争模式是一致的。

由图 4 – 10 可以看出，在协同创新模式下，对于追随者区域而言，创新利润随着知识溢出系数的提高而降低，并且随着吸收能力的增强知识溢出对创新利润的影响逐渐增强。因为，在协同创新模式下，如果领导者区域的知识溢出系数较高，则为追随者区域提供的共享知识越多，导致追随者区域在知识创新过程中过度依赖领导者区域，其知识创新方式也以学习和模仿为主，从而削弱了其自主创新能力。并且随着其知识吸收能力的增强，学习和模仿的能力也越强，对领导者区域的依赖也越强，从而导致创新利润下降，这种模式不利于追随者区域自身知识创新能力的提升和长远发展。

4.1.4.4 考虑吸收能力时知识溢出对均衡研发投入的影响

在考虑区域知识吸收能力的前提下，将吸收能力系数设定为不同的数值对创新竞争模式下知识溢出对区域研发投入的影响进行模拟，结果如图 4 – 11 和图 4 – 12 所示。

由图 4 – 11 可以看出，在创新竞争模式下，如果考虑吸收能力，领导者区域均衡研发投入都随着知识溢出系数的提高而增加，并且吸收能力越强研发投入增加的比例就越高，与不考虑吸收能力时的结论是一致的。

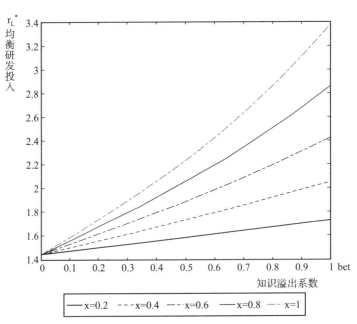

图 4 - 11　创新竞争模式下考虑吸收能力时知识溢出对领导者区域研发投入的影响

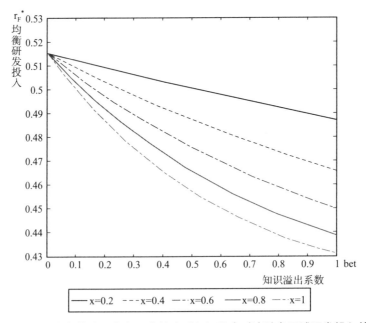

图 4 - 12　创新竞争模式下考虑吸收能力时知识溢出对追随者区域研发投入的影响

由图4-12可以看出，在创新竞争模式下，如果考虑吸收能力，追随者区域均衡研发投入都随着知识溢出系数的提高而降低，并且吸收能力越强研发投入减少的比例就越高。这说明，随着吸收能力的提高，追随者区域"搭便车"的心理作用会更强，导致其不断减少研发投入。

4.1.4.5 结论

（1）知识溢出对创新利润的影响。在区域创新过程中，当存在领导者区域和追随者区域时，对于领导者区域而言，无论是在创新竞争还是协同创新模式下，知识创新的利润都会随着知识溢出的增加而增加。只有当知识溢出系数非常高时，协同创新的利润会高于创新竞争，也就是说在这种情况下，领导者区域选择协同创新的积极性会比较高。

对于追随者区域而言，创新竞争的利润随着知识溢出的增加而增加，而协同创新的利润随着知识溢出的增加而减少。当知识溢出系数比较小时，协同创新的利润大于创新竞争时的利润。

（2）知识溢出对研发投入的影响。在创新竞争模式下，领导者区域的均衡研发投入随着知识溢出系数的提高而增加，追随者区域的均衡研发投入随着知识溢出系数的提高而减少。并且领导者区域的均衡研发投入要高于追随者区域。在协同创新模式下，创新联盟的均衡研发投入随着知识溢出系数的提高而增加。

（3）考虑吸收能力时知识溢出对创新利润的影响。在创新竞争模式下，对于领导者区域和追随者区域，创新利润均随着知识溢出系数的提高而增加，并且随着吸收能力的增强知识溢出对创新利润的影响逐渐增强。在协同创新模式下，对于领导者区域而言，创新利润随着知识溢出系数的提高而增加，并且随着吸收能力的增强知识溢出对创新利润的影响逐渐增强；对于追随者区域而言，创新利润随着知识溢出系数的提高而降低，并且随着吸收能力的增强知识溢出对创新利润的影响逐渐增强。

（4）考虑吸收能力时知识溢出对均衡研发投入的影响。在创新竞争模式下，领导者区域均衡研发投入随着知识溢出系数的提高而增加，并且吸收能力越强研发投入增加的比例就越高；而对于追随者区域而言，均衡研发投入随着知识溢出系数的提高而降低，并且吸收能力越强研发投入降低的比例就越高。

4.2 知识溢出影响区域协同创新行为的机理及测度

4.2.1 区域间协同知识创新的必要性

4.2.1.1 协同知识创新由知识创新特点决定

随着全球竞争加剧和科学技术的飞速发展、学科交叉和技术融合加快，新一轮科学技术革命正在兴起，新兴技术和新兴产业正在成为引领未来发展的重要力量。由于知识创新活动具有不确定性、复杂性和长期性等特点，随着创新规模、速度与范围的不断扩大，无论是一个企业、一个区域还是一个国家，仅仅依靠自身的力量，很难准确把握创新的变化方向。因此，创新主体打破知识创新、扩散和应用的行业界限、区域界限，实施协同知识创新，可以在更广阔的范围内，实现知识资源的互补，减少知识创新活动的不确定性，降低风险，提高知识创新水平。如此一来，创新主体可以在更大范围和空间内配置资源，有效吸收和利用外部知识资源，不断提高竞争优势、提升自主创新能力。

4.2.1.2 协同知识创新是统筹区域创新资源的需要

中国各区域的科学技术发展水平存在较大差异，一些区域的科技和教育资源还十分短缺，总体的知识资源配置能力还较低，研究和发展的低水平重复现象还比较严重，区域知识创新体系还不十分健全。同时，行政区域的划分限定了区域知识创新体系的边界，导致知识资源无法在更大范围内实现优化组合，使得知识资源无法充分利用，引发了创新的轨道锁定效应，从而限制了规模经济效应的发挥；区域间对创新人才和创新资源的竞争，在一定程度上限制了创新主体与要素的流动。所有这些问题都在一定程度上限制了区域创新能力的提升，加剧了区域之间发展的不平衡。因此，需要在全国范围内统筹区域创新资源，实现区域协同知识创新，提升区域创新水平。

4.2.2 协同知识创新过程中的知识溢出

在区域间协同知识创新模式中，创新主体以知识流动为纽带，按照一定的结网方式组成一个整体。各创新主体结合彼此的优势，开展知识的创造、开发以及产业化等活动，最终构建知识价值创造的网络组织。区域间协同知识创新活动也存在产生、发展、衰亡的过程。根据创新主体之间学习方式的特点、知识溢出的特点以及知识创新水平的不同可以将区域间协同知识创新活动的生命周期划分为交涉期、磨合发展期、规范成熟期、动荡期和衰退期五个阶段，如图 4 - 13 所示。

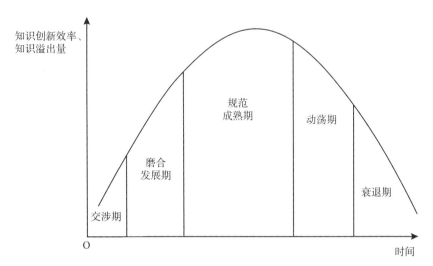

图 4 - 13　协同知识创新生命周期

（1）交涉期。知识创新主体基于共同的战略目标诉求选择合作伙伴，对合作伙伴进行评估，并通过一定的组织形式建立合作关系。在该阶段，创新主体通过对彼此的评估可以大致了解到各自的知识总量、知识结构和知识需求。在该阶段通过调查、交流和沟通会发生少量的知识流动和知识溢出。

（2）磨合发展期。在协同创新初期，由于创新主体相互之间不太了解，尚未建立信任关系，使得协同目标与协同行为不够协调，并引起协同创新的租金耗散和价值流失，导致知识创新效率低下。随着创新主体之间交流的深入，彼此会建立起信任，关系逐渐融洽，对各自知识需求的理解更加清晰，矛盾冲突不断减少。创新主体之间开始主动学习，知识流动加快，知识溢出增加，知识创新水平开始提高。

（3）规范成熟期。随着协同创新的进一步展开，创新主体之间信任度进一步提高，通过有效的知识传递，完成了知识的吸收、转换和整合，获得了有利于自身和合作网络发展的新知识，尤其是对隐性知识的获取。由于建立了良好的信任关系，彼此的互动、交流更加频繁，协作关系进一步紧密，相互之间主动学习，知识转移的速度加快，知识溢出明显增加，知识创新效率提高。由于协同创新主体之间知识资源互补和合作创新效果显著，基于长期协同的相互信任关系作为一种合作激励机制被建立起来，为实现其他创新主体的创新目标和诉求而进行的知识传递逐渐增加。该阶段，知识在合作主体之间无障碍地多向传递，实现了协同知识创新的价值增值和拓展。

（4）动荡期。因为各创新主体的学习能力、吸收能力存在差别，所以随着协同创新的进一步深入，彼此之间的知识存量发生了变化，即谈判条件发生了变化，于是各创新主体会展开利益分配的新博弈。为了保护自身的核心知识，各创新主体相互学习和交流的频率降低，知识流动速度放缓，知识溢出减少，知识创新效率开始降低，加之外部环境的变化，使得协同关系处于动荡中（何景涛，2010）。

（5）衰退期。当各创新主体的协同关系处于动荡期时，如果矛盾处理得当，利益分配得当，合作会继续；如果矛盾处理不好，协同就会趋于解体。在该阶段，由于存在矛盾，交流和学习的机会进一步减少，知识流动趋于停滞，知识溢出较少，知识创新效率低下。当然，协同关系的解体并不一定表明协同知识创新失败。只要创新主体在协同知识创新的过程中完成了任务，协同创新就是成功的。

4.2.3 知识溢出影响协同知识创新决策的模型分析

借鉴萨维塔和卡地亚那（Savitha & Kadiyala，2006）以及丁秀好和黄瑞华（Xiu – Hao Ding & Rui – Hua Huang，2010）提出的模型，从博弈的视角来分析知识溢出对协同知识创新利润和创新投入的影响。

假设在协同知识创新过程中，领导者和追随者的决策过程分为两个阶段。在第一阶段，领导者（L）会确定自己在整个知识创新过程中的参与程度 t 和愿意投入的知识 q_L。然后，追随者（F）会根据领导者的决策确定最佳的共同努力 a 和愿意投入的知识 q_F。在决策过程中，领导者和追随者都会最大化自己的期望净收益，即从知识合作产出中获得的收益加上知识内溢减去知识外溢成本和付出的合作努力。

因此，协同知识创新收益的评估方程 $P(a, q_L, q_F)$ 受到当前共同努力 a 和各自知识投入 q_L 和 q_F 的影响。随着 a、q_L 和 q_F 的增加，$P(a, q_L, q_F)$ 会达到一个临界点 α。$P(a, q_L, q_F)$ 和它的期望值分别为：

$$P(a, q_L, q_F) = \alpha - a^{-\lambda} q_L^{-\delta_L} q_F^{-\delta_F} + \varepsilon \tag{4.23}$$

$$\hat{P}(a, q_L, q_F) = \alpha - a^{-\lambda} q_L^{-\delta_L} q_F^{-\delta_F} \tag{4.24}$$

其中，α、λ、δ_L 和 δ_F 都为正常数，ε 代表随机误差项，其期望值为 0。λ、δ_L 和 δ_F 分别为合作努力和两类合作者知识投入的弹性系数；λ 值越高，当前的合作努力对合作绩效的影响就越高；δ_L 和 δ_F 的值越大，知识投入对合作绩效的影响就越高。

4.2.3.1 协同知识创新过程中的收益

创新主体参与协同知识创新的目的无外乎从知识创新中获取财务和战

略方面的利益，比如说获取知识、加速市场开拓、降低成本、共担风险等，最终在将来获得一定的经济租金（Mowery et al.，1996）。领导者和追随者会共享协同知识产出带来的经济租金。分别用 ρ_L 和 ρ_F 表示领导者和追随者从一单位协同知识创新绩效获得的边际收益。他们从一单位协同知识产出中获得的收益分别为 $\rho_L(\alpha - a^{-\lambda} q_L^{-\delta_L} q_F^{-\delta_F})$ 和 $\rho_F(\alpha - a^{-\lambda} q_L^{-\delta_L} q_F^{-\delta_F})$。另外，他们还会因协同知识创新过程中产生的知识内溢而受益。坎纳等（Khanna et al.，1998）认为，创新者可以从协同创新中产生两种收益，一种是公共收益，另一种是私人收益。所谓公共收益指的是创新者从他们利用共同投入的和共同创造的知识而产生的收益；而私人收益指的是在协同创新过程中从创新伙伴那里学到的与协同无关的知识而产生的私人收益，这就是知识内溢出。知识内溢可以用协同创新绩效的一定比率来表示。分别用 μ_L 和 μ_F 表示领导者和追随者知识内溢比率。那么，他们因知识内溢从协同知识创新中获得的收益为 $\mu_L \rho_L(\alpha - a^{-\lambda} q_L^{-\delta_L} q_F^{-\delta_F})$ 和 $\mu_F \rho_F (\alpha - a^{-\lambda} q_L^{-\delta_L} q_F^{-\delta_F})$。

领导者和追随者从协同知识创新过程中获得的总收益为：

$$B_{CL} = \rho_L(1 + \mu_L)(\alpha - a^{-\lambda} q_L^{-\delta_L} q_F^{-\delta_F}) \tag{4.25}$$

$$B_{CF} = \rho_F(1 + \mu_F)(\alpha - a^{-\lambda} q_L^{-\delta_L} q_F^{-\delta_F}) \tag{4.26}$$

4.2.3.2 协同知识创新过程的成本

领导者在协同知识创新过程中的参与程度 t 代表其参与协同创新的积极性，其取值在 $0 \sim 1$。而追随者的决策决定了他们共同付出的努力 a。因此，他们所付出的努力的成本为 at 和 $a(1-t)$。科恩和利文索尔（Cohen & Levinthal，1989）将知识外溢的成本分为两部分：领导者和追随者的知识外溢要受其投入的知识 q_L 和 q_F 的影响，因此降低知识投入会减少知识外溢；同时，知识溢出还要受到对方吸收能力以及知识势差等很多因素的影响。所有这些影响用 θ_L 和 θ_F 来表示，即单位知识投入产生的知识外溢。那么，他们因知识外溢而产生的成本分别为 $\theta_L q_L$ 和 $\theta_F q_F$。除此之外，我们认为在协同知识创新过程中还会发生一定的协作成本，用 c 来表示。

领导者和追随者协同知识创新的总成本为:

$$C_{CL} = at + \theta_L q_L + c \tag{4.27}$$

$$C_{CF} = a(1-t) + \theta_F q_F + c \tag{4.28}$$

4.2.3.3 协同知识创新过程的净利润和最优解

领导者、追随者以及整个协同知识创新模式的期望净利润分别为:

$$u_{CL}^* = \rho_L(1+\mu_L)(\alpha - a^{-\lambda} q_L^{-\delta_L} q_F^{-\delta_F}) - at - \theta_L q_L - c \tag{4.29}$$

$$u_{CF}^* = \rho_F(1+\mu_F)(\alpha - a^{-\lambda} q_L^{-\delta_L} q_F^{-\delta_F}) - a(1-t) - \theta_F q_F - c \tag{4.30}$$

$$u_C^* = [\rho_L(1+\mu_L) + \rho_F(1+\mu_F)](\alpha - a^{-\lambda} q_L^{-\delta_L} q_F^{-\delta_F}) - a - \theta_L q_L - \theta_F q_F - 2c \tag{4.31}$$

设追随者期望净收益的偏导数为 0,通过求解式(4.30)的最优解,可以得出领导者和追随者共同努力以及追随者知识投入的最优解:

$$\frac{\partial u_{CF}^*}{\partial a} = \lambda \rho_F(1+\mu_F)(a^{-\lambda-1} q_L^{-\delta_L} q_F^{-\delta_F}) - (1-t) = 0 \tag{4.32}$$

$$\frac{\partial u_{CF}^*}{\partial q_F} = \delta_F \rho_F(1+\mu_F)(a^{-\lambda} q_L^{-\delta_L} q_F^{-\delta_F-1}) - \theta_F = 0 \tag{4.33}$$

$$a^* = \left[\frac{(1-t)}{\lambda \rho_F(1+\mu_F)} q_L^{\delta_L} \left[\frac{\delta_F(1-t)}{\lambda \theta_F} \right]^{\delta_F} \right]^{\frac{-1}{\lambda+\delta_F+1}} \tag{4.34}$$

$$q_F^* = \left[\frac{\theta_F}{\rho_F \delta_F(1+\mu_F)} q_L^{\delta_L} \left[\frac{\lambda \theta_F}{\delta_F(1-t)} \right]^{\lambda} \right]^{\frac{-1}{\lambda+\delta_F+1}} \tag{4.35}$$

与此同时,得到,$\dfrac{a^*}{q_F^*} = \dfrac{\lambda \theta_F}{\delta_F (1-t)}$。

领导者最优的参与程度 t^* 和最优知识投入 q_L^* 要受到其期望净收益最大值的影响,而且 t 的取值在 $0 \sim 1$。

领导者最大期望净收益方程为:

$$\max u_{CL}^* = \rho_L(1+\mu_L)[\alpha - (a^*)^{-\lambda} q_L^{-\delta_L} (q_F^*)^{-\delta_F}] - a^* t - \theta_L q_L - c \tag{4.36}$$

将 a^* 和 q_L^* 代入式(4.36)可以得出:

$$\max u_{CL} = \rho_L(1+\mu_L)\left[\alpha - \left[\frac{(1-t)}{\lambda \rho_F(1+\mu_F)} q_L^{\delta_L} \left[\frac{\delta_F(1-t)}{\lambda \theta_F} \right]^{\delta_F} \right]^{\frac{\lambda}{\lambda+\delta_F+1}} q_L^{-\delta_L} \right.$$

$$\left[\frac{\theta_F}{\delta_F\rho_F(1+\mu_F)}\times q_L^{\delta_L}\left[\frac{\lambda\theta_F}{\delta_F(1-t)}\right]^{\lambda}\right]^{\frac{\delta_F}{\lambda+\delta_F+1}}\right]$$

$$-\left[\frac{(1-t)}{\lambda\rho_F(1+\mu_F)}q_L^{\delta_L}\left[\frac{\delta_F(1-t)}{\lambda\theta_F}\right]^{\delta_F}\right]^{\frac{-1}{\lambda+\delta_F+1}}t-\theta_L q_L - c \qquad (4.37)$$

根据式（4.37）求解 t 和 q_L，可以得出领导者的参与程度和知识投入的最优解：

$$t^* = \begin{cases} \dfrac{\rho_L(1+\mu_L)-(\lambda+\delta_F+1)\rho_F(1+\mu_F)}{\rho_L(1+\mu_L)-\lambda\rho_F(1+\mu_F)}, & \text{当} \dfrac{\rho_L(1+\mu_L)}{\rho_F(1+\mu_F)}>\lambda+\delta_F+1 \\[2mm] 0 & \text{，否则} \end{cases}$$

$$(4.38)$$

$$q_L^* = \left[\frac{\theta_F\delta_L\left[\rho_L(1+\mu_L)-\lambda\rho_F(1+\mu_F)\right]}{\theta_L\delta_F(\delta_F+1)\rho_F(1+\mu_F)}\left[\frac{\theta_F}{\delta_F\rho_F(1+\mu_F)}\right.\right.$$

$$\left.\left.\times\left[\frac{\lambda\theta_F\left[\rho_L(1+\mu_L)-\lambda\rho_F(1+\mu_F)\right]}{\delta_F(1+\delta_F)\rho_F(1+\mu_F)}\right]^{\lambda}\right]^{\frac{-1}{\lambda+\delta_F+1}}\right]^{\frac{\lambda+\delta_F+1}{\lambda+\delta_F+\delta_L+1}} \qquad (4.39)$$

将 t^* 和 q_L^* 的最优解代入式（4.34）和式（4.35），可以得到共同努力 a^* 和追随者知识投入的 q_F^* 的最优解：

$$a^* = \left[\left[\frac{\delta_F+1}{\lambda\left[\rho_L(1+\mu_L)-\lambda\rho_F(1+\mu_F)\right]}\right]^{1+\delta_F}\left(\frac{\theta_F}{\delta_F\rho_F(1+\mu_F)}\right)^{-\delta_F}\left(\frac{\lambda\theta_L}{\delta_L}\right)^{-\delta_L}\right]^{\frac{-1}{\lambda+\delta_F+\delta_L+1}}$$

$$(4.40)$$

$$q_F^* = \left[\frac{\theta_F}{\delta_F\rho_F(1+\mu_F)}\left[\frac{\theta_F\delta_L\left[\rho_L(1+\mu_L)-\lambda\rho_F(1+\mu_F)\right]}{\theta_L\delta_F(\delta_F+1)\rho_F(1+\mu_F)}\right]^{\delta_L}\right.$$

$$\left.\times\left[\frac{\lambda\theta_F\left[\rho_L(1+\mu_L)-\lambda\rho_F(1+\mu_F)\right]}{\delta_F(1+\delta_F)\rho_F(1+\mu_F)}\right]^{\lambda}\right]^{\frac{-1}{\lambda+\delta_F+\delta_L+1}} \qquad (4.41)$$

将均衡值代入利润函数可以得到领导者、追随者以及创新联盟的均衡利润分别为：

$$u_{CL}^* = \left[\frac{\theta_F}{\delta_F\rho_F(1+\mu_L)}\left[\frac{\theta_F\delta_L\left[\rho_L(1+\mu_L)-\lambda\rho_F(1+\mu_F)\right]}{\theta_L\delta_F(\delta_F+1)\rho_F(1+\mu_F)}\right]^{\delta_L}\right.$$

$$\left.\times\left[\frac{\lambda\theta_F\left[\rho_L(1+\mu_L)-\lambda\rho_F(1+\mu_F)\right]}{\delta_F(1+\delta_F)\rho_F(1+\mu_F)}\right]^{\lambda}\right]^{\frac{-1}{\lambda+\delta_F+\delta_L+1}}$$

$$\times \frac{\theta_F(1+\lambda+\delta_F+\delta_L)\left[\rho_L(1+\mu_L)-\lambda\rho_F(1+\mu_F)\right]}{\delta_F(1+\delta_F)\rho_F(1+\mu_F)}+\alpha\rho_L(1+\mu_L)-c$$

$$(4.42)$$

$$u_{CF}^* = \left[\frac{\theta_F}{\delta_F\rho_F(1+\mu_F)}\left[\frac{\theta_F\delta_L\left[\rho_L(1+\mu_L)-\lambda\rho_F(1+\mu_F)\right]}{\theta_L\delta_F(\delta_F+1)\rho_F(1+\mu_F)}\right]^{\delta_L}\right.$$

$$\left.\left[\frac{\lambda\theta_F\left[\rho_L(1+\mu_L)-\lambda\rho_F(1+\mu_F)\right]}{\delta_F(1+\delta_F)\rho_F(1+\mu_F)}\right]^{\lambda}\right]^{\frac{-1}{\lambda+\delta_F+\delta_L+1}}$$

$$\times\frac{\theta_F(1+\lambda+\delta_F)}{\delta_F}+\alpha\rho_F(1+\mu_F)-c \qquad (4.43)$$

$$u_C^* = -\left[\frac{\theta_F}{\delta_F\rho_F(1+\mu_F)}\left[\frac{\theta_F\delta_L\left[\rho_L(1+\mu_L)-\lambda\rho_F(1+\mu_F)\right]}{\theta_L\delta_F(\delta_F+1)\rho_F(1+\mu_F)}\right]^{\delta_L}\right.$$

$$\left.\left[\frac{\lambda\theta_F\left[\rho_L(1+\mu_L)-\lambda\rho_F(1+\mu_F)\right]}{\delta_F(1+\delta_F)\rho_F(1+\mu_F)}\right]^{\lambda}\right]^{\frac{-1}{\lambda+\delta_F+\delta_L+1}}$$

$$\times\frac{\theta_F(1+\lambda+\delta_F)\left[\rho_L(1+\mu_L)(\lambda+\delta_F+\delta_L+1)-\right.}{\left.\left[\lambda(\lambda+\delta_L)-(1+\delta_F)^2\right]\rho_F(1+\mu_F)\right]}{\delta_F(1+\delta_F)\rho_F(1+\mu_F)}$$

$$+\alpha\left[\rho_L(1+\mu_L)+\rho_F(1+\mu_F)\right]-2c \qquad (4.44)$$

根据交易成本理论，在协同知识创新过程中，领导者需要面对道德风险，因为他需要首先投入一定的合作资源，所以需要从合作过程中得到更多的收益。当边际收益足够大时，就能抵消因首先投入知识资源和做出合作努力而产生的道德风险。因此，只有当 $\frac{\rho_L(1+\mu_L)}{\rho_F(1+\mu_F)}>\lambda+\delta_F+1$ 时，合作才能继续。另外，协同知识创新过程中的协作成本 c 不会对创新主体的决策产生影响。

对式（4.39）和式（4.41）进行转化可以得出：

$$q_L^* = \left[\frac{\delta_L\left[\rho_L(1+\mu_L)-\lambda\rho_F(1+\mu_F)\right]}{\delta_F(\delta_F+1)\rho_F(1+\mu_F)}\left[\frac{1}{\delta_F\rho_F(1+\mu_F)}\right.\right.$$

$$\left.\left.\times\left[\frac{\lambda\left[\rho_L(1+\mu_L)-\lambda\rho_F(1+\mu_F)\right]}{\delta_F(1+\delta_F)\rho_F(1+\mu_F)}\right]^{\lambda}\right]^{\frac{-1}{\lambda+\delta_F+1}}\right]^{\frac{\lambda+\delta_F+1}{\lambda+\delta_F+\delta_L+1}}\left(\frac{\theta_F^{\frac{\delta_F}{\lambda+\delta_F+\delta_L+1}}}{\theta_L^{\frac{\lambda+\delta_F+1}{\lambda+\delta_F+\delta_L+1}}}\right)$$

$$(4.45)$$

$$q_F^* = \left[\frac{1}{\delta_F \rho_F (1 + \mu_F)} \left[\frac{\delta_L \left[\rho_L (1 + \mu_L) - \lambda \rho_F (1 + \mu_F) \right]}{\delta_F (\delta_F + 1) \rho_F (1 + \mu_F)} \right]^{\delta_L} \right.$$

$$\left. \times \left[\frac{\lambda \left[\rho_L (1 + \mu_L) - \lambda \rho_F (1 + \mu_F) \right]}{\delta_F (1 + \delta_F) \rho_F (1 + \mu_F)} \right]^{\lambda} \right]^{\frac{-1}{\lambda + \delta_F + \delta_L + 1}} \left(\frac{\theta_F^{\frac{-(\lambda + \delta_L + 1)}{\lambda + \delta_F + \delta_L + 1}}}{\theta_L^{\frac{-\delta_L}{\lambda + \delta_F + \delta_L + 1}}} \right)$$

$$(4.46)$$

4.2.3.4 模型的分析

（1）共同努力和知识外溢。由式（4.40）可以得出：

$$\frac{\partial a^*}{\partial \theta_L} = \frac{\lambda}{\lambda + \delta_F + \delta_L + 1} \left[\frac{\delta_F + 1}{\lambda \left[\rho_L (1 + \mu_L) - \lambda \rho_F (1 + \mu_F) \right]} \right]^{\frac{-(1 + \delta_F)}{\lambda + \delta_F + \delta_L + 1}}$$

$$\left(\frac{\theta_F}{\delta_F \rho_F (1 + \mu_F)} \right)^{\frac{\delta_F}{\lambda + \delta_F + \delta_L + 1}} \left(\frac{\lambda \theta_L}{\delta_L} \right)^{\frac{\delta_L}{\lambda + \delta_F + \delta_L + 1} - 1} \qquad (4.47)$$

$$\frac{\partial a^*}{\partial \theta_F} = \frac{1}{\rho_F (1 + \mu_F)(\lambda + \delta_F + \delta_L + 1)} \left[\frac{\delta_F + 1}{\lambda \left[\rho_L (1 + \mu_L) - \lambda \rho_F (1 + \mu_F) \right]} \right]^{\frac{-(1 + \delta_F)}{\lambda + \delta_F + \delta_L + 1}}$$

$$\left(\frac{\theta_F}{\delta_F \rho_F (1 + \mu_F)} \right)^{\frac{\delta_F}{\lambda + \delta_F + \delta_L + 1} - 1} \left(\frac{\lambda \theta_L}{\delta_L} \right)^{\frac{\delta_L}{\lambda + \delta_F + \delta_L + 1}} \qquad (4.48)$$

由于所有的变量都是正数，且 $\frac{\rho_L (1 + \mu_L)}{\rho_F (1 + \mu_F)} > \lambda + \delta_F + 1$，$\frac{\partial a^*}{\partial \theta_L} > 0$，$\frac{\partial a^*}{\partial \theta_F} > 0$。

根据式（4.38），可以得出 t^* 与 θ_L 和 θ_F 不相关，因而 $a^* t^*$ 和 $a^* (1 - t^*)$ 与 θ_L 和 θ_F 呈正相关关系。换言之，由于领导者的合作参与程度与领导者和追随者的知识外溢不相关，所以领导者和追随者合作努力所付出的成本与其知识外溢呈正相关关系。

（2）知识创新投入与知识外溢。由于所有的变量都是正数，并且 $\frac{\rho_L (1 + \mu_L)}{\rho_F (1 + \mu_F)} >$ $\lambda + \delta_F + 1$，所以由式（4.45）和式（4.46）可以很容易看出 q_L^* 与 θ_F 呈正相关关系，而与 θ_L 呈负相关关系；q_F^* 与 θ_L 呈正相关关系，而与 θ_F 呈负相关关系。即领导者的知识投入与追随者的知识外溢呈正相关关系而与自身的知识外溢呈负相关关系；追随者的知识投入与领导者的知识外溢呈正相关关系而与自身的知识外溢呈负相关关系。

（3）知识创新利润与知识外溢。u_{CL}^* 对 θ_L 求偏导得到式（4.49），u_{CF}^* 对 θ_L 求偏导得到式（4.50）。由于所有的变量都是正数，并且 $\dfrac{\rho_L(1+\mu_L)}{\rho_F(1+\mu_F)} > \lambda + \delta_F + 1$，通过分析可以得出式（4.49）和式（4.50）都大于 0。因此，无论是领导者区域还是追随者区域，知识创新利润与领导者区域的知识外溢呈正相关关系。对于领导者来说，由于领导者的知识投入随着其自身知识溢出系数的提高而减少，因此它在协同创新过程中成本会减少，当创新收益不变的情况下，其获得的创新利润会不断增加。对于追随者来说，其知识创新投入和协同努力都与领导者的知识外溢系数呈正相关关系，会增加其成本，但同时也可以获得较多的知识溢出，而且其获得的知识溢出越多，其利润就越高。

$$\frac{\partial u_{CL}^*}{\theta_L} = \left(\theta_F \left(\frac{\theta_F \delta_L (\rho_L(1+\mu_L) - \lambda \rho_F(1+\mu_F))}{\theta_L \delta_F(1+\delta_F)\rho_F(1+\mu_F)} \right)^{\delta_L} \left(\frac{\lambda \theta_F (\rho_L(1+\mu_L) - \lambda \rho_F(1+\mu_F))}{\delta_F(1+\delta_F)\rho_F(1+\mu_F)} \right)^{\lambda} \right.$$

$$\left. \times \delta_F^{-1} \rho_F^{-1} (1+\mu_L)^{-1} \right)^{-(\lambda+\delta_F+\delta_L+1)^{-1}} \delta_L \theta_F (\rho_L(1+\mu_L) - \lambda \rho_F$$

$$(1+\mu_F)) \theta_L^{-1} \delta_F^{-1}(1+\delta_F)^{-1} \rho_F^{-1}(1+\mu_F)^{-1} \tag{4.49}$$

$$\frac{\partial u_{CF}^*}{\theta_L} = \left(\theta_F \left(\frac{\theta_F \delta_L (\rho_L(1+\mu_L) - \lambda \rho_F(1+\mu_F))\rho_F(1+\mu_F)}{\theta_L \delta_F(1+\delta_F)} \right)^{\delta_L} \right.$$

$$\left. \times \left(\frac{\lambda \theta_F (\rho_L(1+\mu_L) - \lambda \rho_F(1+\mu_F))\rho_F(1+\mu_F)}{\delta_F(1+\delta_F)} \right)^{\lambda} \delta_F^{-1} \rho_F^{-1} \right.$$

$$\left. (1+\mu_F)^{-1} \right)^{-(\lambda+\delta_F+\delta_L+1)^{-1}} \times \delta_L \theta_F (\lambda+\delta_F+\delta_L+1)^{-1} \theta_L^{-1} \delta_F^{-1}$$

$$\tag{4.50}$$

u_{CL}^* 对 θ_F 求偏导得到式（4.51），u_{CF}^* 对 θ_F 求偏导得到式（4.52）。由于所有的变量都是正数，并且 $\dfrac{\rho_L(1+\mu_L)}{\rho_F(1+\mu_F)} > \lambda + \delta_F + 1$，通过分析可以得出式（4.51）和式（4.52）都大于 0。

$$\frac{\partial u_{CL}^*}{\theta_F} = \left(\theta_F \left(\frac{\theta_F \delta_L [\rho_L(1+\mu_L) - \lambda \rho_F(1+\mu_F)]}{\theta_L \delta_F(1+\delta_F)\rho_F(1+\mu_F)} \right)^{\delta_L} \left(\frac{\lambda \theta_F [\rho_L(1+\mu_L) - \lambda \rho_F(1+\mu_F)]}{\delta_F(1+\delta_F)\rho_F(1+\mu_F)} \right)^{\lambda} \right.$$

$$\times \delta_F^{-1} \rho_F^{-1} (1+\mu_L)^{-1} \Big)^{-(\lambda+\delta_F+\delta_L+1)^{-1}} (\lambda+\delta_F+\delta_L+1)(\rho_L(1+\mu_L)$$

$$-\lambda\rho_F(1+\mu_F))\delta_F^{-1}(1+\delta_F)^{-1}\rho_F^{-1}\times(1+\mu_L)^{-1}$$

$$-\left(\theta_F\left(\frac{\theta_F\delta_L(\rho_L(1+\mu_L)-\lambda\rho_F(1+\mu_F))}{\theta_L\delta_F(1+\delta_F)\rho_F(1+\mu_F)}\right)^{\delta_L}\left(\frac{\lambda\theta_F(\rho_L(1+\mu_L)-\lambda\rho_F(1+\mu_F))}{\delta_F(1+\delta_F)\rho_F(1+\mu_F)}\right)^{\lambda}\right.$$

$$\times \delta_F^{-1}\rho_F^{-1}(1+\mu_F)^{-1}\Big)^{-(\lambda+\delta_F+\delta_L+1)^{-1}}\left(\left(\frac{\theta_F\delta_L(\rho_L(1+\mu_L)-\lambda\rho_F(1+\mu_F))}{\theta_L\delta_F(1+\delta_F)\rho_F(1+\mu_F)}\right)^{\delta_L}\right.$$

$$\times\left(\frac{\lambda\theta_F(\rho_L(1+\mu_L)-\lambda\rho_F(1+\mu_F))}{\delta_F(1+\delta_F)\rho_F(1+\mu_F)}\right)^{\lambda}\delta_F^{-1}\rho_F^{-1}(1+\mu_F)^{-1}$$

$$+\left(\frac{\theta_F\delta_L(\rho_L(1+\mu_L)-\lambda\rho_F(1+\mu_F))}{\theta_L\delta_F(1+\delta_F)\rho_F(1+\mu_F)}\right)^{\delta_L}$$

$$\times\delta_L\left(\frac{\lambda\theta_F(\rho_L(1+\mu_L)-\lambda\rho_F(1+\mu_F))}{\delta_F(1+\delta_F)\rho_F(1+\mu_F)}\right)^{\lambda}\delta_F^{-1}\rho_F^{-1}(1+\mu_L)^{-1}$$

$$+\left(\frac{\theta_F\delta_L(\rho_L(1+\mu_L)-\lambda\rho_F(1+\mu_F))}{\theta_L\delta_F(1+\delta_F)\rho_F(1+\mu_F)}\right)^{\delta_L}$$

$$\times\left(\frac{\lambda\theta_F(\rho_L(1+\mu_L)-\lambda\rho_F(1+\mu_F))}{\delta_F(1+\delta_F)\rho_F(1+\mu_F)}\right)^{\lambda}\lambda\delta_F^{-1}\rho_F^{-1}(1+\mu_F)^{-1})(1+\mu_L)$$

$$(\rho_L(1+\mu_L)-\lambda\rho_F(1+\mu_F))\times\left(\left(\frac{\theta_F\delta_L(\rho_L(1+\mu_L)-\lambda\rho_F(1+\mu_F))}{\theta_L\delta_F(1+\delta_F)\rho_F(1+\mu_F)}\right)^{\delta_L}\right)^{-1}$$

$$\left(\left(\frac{\lambda\theta_F(\rho_L(1+\mu_L)-\lambda\rho_F(1+\mu_F))}{\delta_F(1+\delta_F)\rho_F(1+\mu_F)}\right)^{\lambda}\right)^{-1}(1+\delta_F)^{-1}\times(1+\mu_F)^{-1}$$

$$\tag{4.51}$$

$$\frac{\partial u_{CF}^*}{\theta_F}=\left(\theta_F\left(\frac{\theta_F\delta_L(\rho_L(1+\mu_L)-\lambda\rho_F(1+\mu_F))\rho_F(1+\mu_F)}{\theta_L\delta_F(1+\delta_F)}\right)^{\delta_L}\right.$$

$$\left(\frac{\lambda\theta_F(\rho_L(1+\mu_L)-\lambda\rho_F(1+\mu_F))\rho_F(1+\mu_F)}{\delta_F(1+\delta_F)}\right)^{\lambda}$$

$$\left(\delta_F^{-1}\rho_F^{-1}(1+\mu_F)^{-1}\right)^{-(\lambda+\delta_F+\delta_L+1)^{-1}}(\lambda+\delta_F+1)\delta_F^{-1}$$

$$-\theta_F\left(\frac{\theta_F\delta_L(\rho_L(1+\mu_L)-\lambda\rho_F(1+\mu_F)\rho_F(1+\mu_F)}{\theta_L\delta_F(1+\delta_F)}\right)^{\delta_L}$$

$$\left(\frac{\lambda \theta_F (\rho_L(1+\mu_L) - \lambda \rho_F(1+\mu_F)\rho_F(1+\mu_F))}{\delta_F(1+\delta_F)} \right)^{\lambda}$$

$$\delta_F^{-1} \rho_F^{-1} (1+\mu_F)^{-1} \Big)^{-(\lambda+\delta_F+\delta_L+1)^{-1}}$$

$$\left(\left(\frac{\theta_F \delta_L (\rho_L(1+\mu_L) - \lambda \rho_F(1+\mu_F)\rho_F(1+\mu_F))}{\theta_L \delta_F(1+\delta_F)} \right)^{\delta_L} \right.$$

$$\left(\frac{\lambda \theta_F (\rho_L(1+\mu_L) - \lambda \rho_F(1+\mu_F)\rho_F(1+\mu_F))}{\delta_F(1+\delta_F)} \right)^{\lambda}$$

$$\delta_F^{-1} \rho_F^{-1} (1+\mu_F)^{-1} + \left(\frac{\theta_F \delta_L (\rho_L(1+\mu_L) - \lambda \rho_F(1+\mu_F))\rho_F(1+\mu_F)}{\theta_L \delta_F(1+\delta_F)} \right)^{\delta_L}$$

$$\times \left(\frac{\lambda \theta_F (\rho_L(1+\mu_L) - \lambda \rho_F(1+\mu_F))\rho_F(1+\mu_F)}{\delta_F(1+\delta_F)} \right)^{\lambda} \delta_F^{-1} \rho_F^{-1} (1+\mu_L)^{-1}$$

$$+ \left(\frac{\theta_F \delta_L (\rho_L(1+\mu_L) - \lambda \rho_F(1+\mu_F))\rho_F(1+\mu_F)}{\theta_L \delta_F(1+\delta_F)} \right)^{\delta_L}$$

$$\left(\frac{\lambda \theta_F (\rho_L(1+\mu_L) - \lambda \rho_F(1+\mu_F))\rho_F(1+\mu_F)}{\delta_F(1+\delta_F)} \right)^{\lambda}$$

$$\times \lambda \delta_F^{-1} \rho_F^{-1} (1+\mu_F)^{-1} \Big) \rho_F(1+\mu_F)(\lambda+\delta_F+1)(\lambda+\delta_F+\delta_L+1)^{-1}$$

$$\times \left(\left(\frac{\theta_F \delta_L (\rho_L(1+\mu_L) - \lambda \rho_F(1+\mu_F)\rho_F(1+\mu_F))}{\theta_L \delta_F(1+\delta_F)} \right)^{\delta_L} \right)^{-1}$$

$$\times \left(\left(\frac{\lambda \theta_F (\rho_L(1+\mu_L) - \lambda \rho_F(1+\mu_F))\rho_F(1+\mu_F)}{\delta_F(1+\delta_F)} \right)^{\lambda} \right)^{-1} \tag{4.52}$$

因此,无论是领导者区域还是追随者区域,知识创新利润与追随者区域的知识外溢呈正相关关系。对于领导者来说,由于领导者的知识投入随着追随者知识溢出系数的提高而增加,但同时也可以获得较多的知识溢出,而且其获得的知识溢出越多,其利润就越高。对于追随者来说,其知识创新投入随着其自身知识溢出系数的提高而降低,它在协同创新过程中成本会减少,当创新收益不变的情况下,其获得的创新利润会不断增加。

4.2.4 算例分析

利用 Matlab7.0 软件分别对区域协同知识创新创新模式下知识内溢和知识外溢影响知识创新利润和创新投入的情况进行数值模拟。首先，对模型中的参数进行赋值，令 $\alpha = 10$，$\delta_L = 0.08$，$\delta_F = 0.06$，$\lambda = 0.4$，$\mu_L = 0.2$，$\mu_F = 0.1$，$\theta_L = 0.4$，$\theta_F = 0.3$，$\rho_L = 0.6$，$\rho_L = 0.4$，$c = 1$（本节的数值模拟都是基于这样的参数假设）。

4.2.4.1 共同努力与知识外溢出

对协同创新的共同努力与知识外溢系数的关系进行数值模拟，结果如图 4 - 14 和图 4 - 15 所示。由图 4 - 14 和图 4 - 15 可以看出，协同创新者付出的共同努力 a^* 与领导者知识外溢系数和追随者知识外溢系数都呈正相关关系。也就是说，知识外溢能够提高协同创新者参与创新所付出的努力。

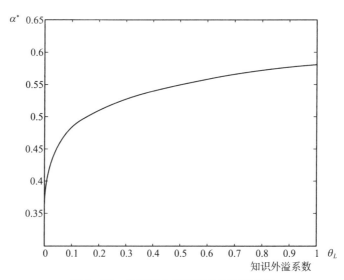

图 4 - 14　共同努力与领导者的知识外溢

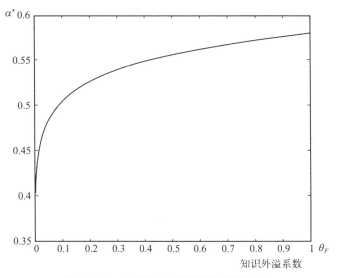

图 4 – 15　共同努力与追随者的知识外溢

4.2.4.2　知识投入与知识外溢出

对区域创新投入与领导者区域知识外溢系数的关系进行数值模拟，结果如图 4 – 16 至图 4 – 18 所示。由这三个图可以看出，领导者区域的知识创新投入与其自身的知识外溢系数呈负相关关系；而追随者区域的知识创新投入与领导者区域的知识外溢系数呈正相关关系。换言之，领导者区域知识外溢系数越高，领导者区域的创新投入就越低，而追随者的创新投入就越高。

对区域创新投入与追随者区域知识外溢系数的关系进行数值模拟，结果如图 4 – 19 至图 4 – 21 所示。由这三个图可以看出，领导者区域的知识创新投入与追随者区域的知识外溢系数呈正相关关系；而追随者区域的知识创新投入与其自身的知识外溢系数呈负相关关系。换言之，追随者区域知识外溢系数越高，领导者区域的创新投入就越高，而追随者的创新投入就越低。

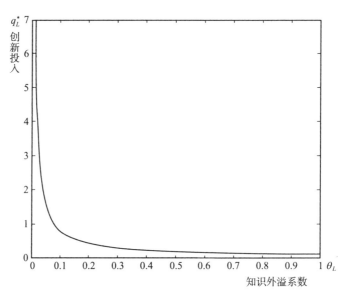

图 4 – 16 领导者区域知识创新投入与领导者区域的知识外溢

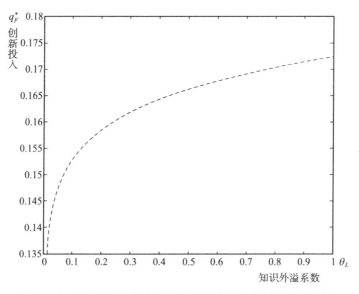

图 4 – 17 追随者区域知识创新投入与领导者区域的知识外溢

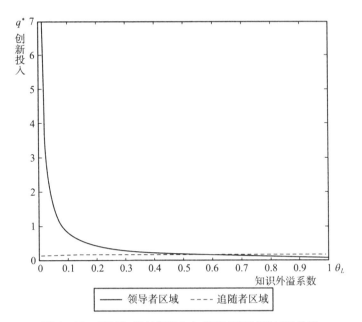

图 4 - 18 区域知识创新投入与领导者区域的知识外溢

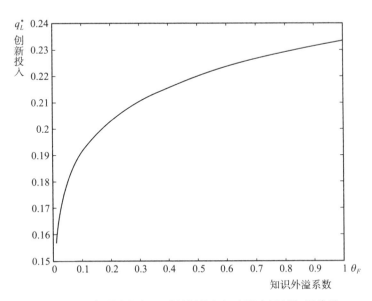

图 4 - 19 领导者知识区域创新投入与追随者区域知识外溢

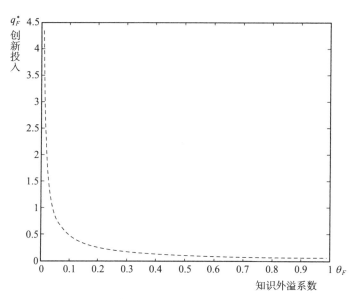

图4-20 追随者区域创新投入与追随者区域知识外溢

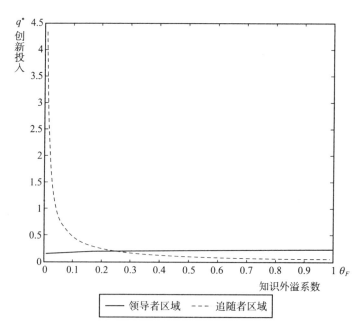

图4-21 创新投入与追随者区域知识外溢

（2）创新利润与知识外溢。对区域创新利润与领导者区域知识外溢系数的关系进行数值模拟，结果如图 4 - 22 至图 4 - 24 所示。由这三个图可以

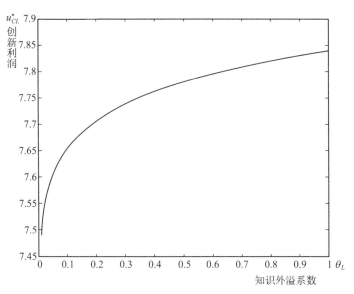

图 4 - 22　领导者区域知识创新利润与领导者区域知识外溢

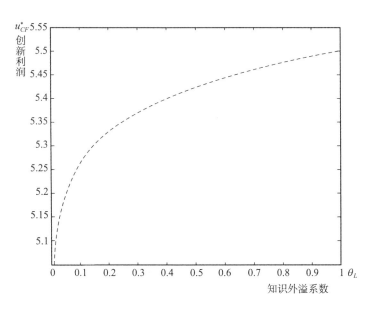

图 4 - 23　追随者区域知识创新利润与领导者区域知识外溢

看出，无论是领导者区域还是追随者区域的知识创新利润与领导者区域的知识外溢系数呈正相关关系。也就是说，随着领导者区域知识外溢系数的提高，领导者区域和追随者区域的创新利润都会提高，而且追随者区域的创新利润提高的速度会更快。

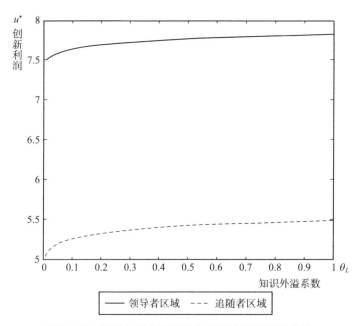

图 4 – 24　区域知识创新利润与领导者区域知识外溢

对区域创新利润与追随者区域知识外溢系数的关系进行数值模拟，结果如图 4 – 25 至图 4 – 27 所示。由图可以看出，无论是领导者区域还是追随者区域的知识创新利润与追随者区域的知识外溢系数呈正相关关系。也就是说，随着追随者区域知识外溢系数的提高，领导者区域和追随者区域的创新利润都会提高，而且追随者区域的创新利润提高的速度会更快。

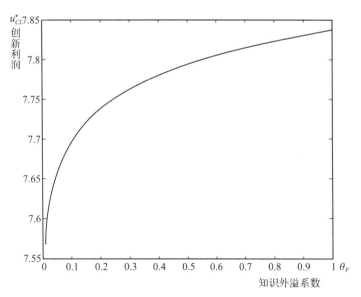

图 4 − 25　领导者区域知识创新利润与追随者区域知识外溢

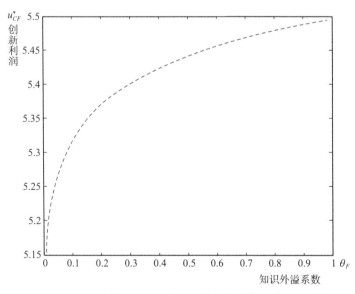

图 4 − 26　追随者区域知识创新利润与追随者区域知识外溢

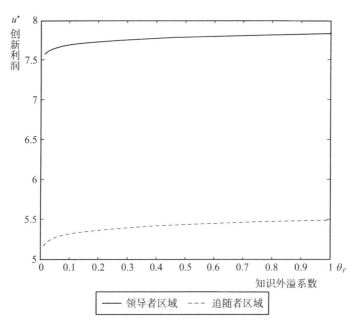

图 4 – 27　区域知识创新利润与追随者区域知识外溢

4.2.4.3　结论

（1）共同努力与知识溢出。在协同创新过程中，协同创新主体共同合作努力以及因付出努力而产生的成本与知识外溢呈正相关关系。

（2）知识溢出与创新投入。在协同创新过程中，领导者的知识投入与追随者的知识外溢呈正相关关系而与自身的知识外溢呈负相关关系；追随者的知识投入与领导者的知识外溢呈正相关关系而与自身的知识外溢呈负相关关系。这说明，由于知识外溢的消极影响，协同创新者在协同创新之初会不愿意投入较多的知识。

（3）知识溢出与创新利润。在协同创新过程中，无论是领导者区域还是追随者区域，创新利润与知识外溢系数呈正相关关系。这说明，无论是其自身的知识外溢还是协同创新伙伴的知识外溢都有利于提高创新利润。自身的知识外溢有利于自身创新利润的提高似乎有些不太符合常理，在此必须说明的是，知识外溢并不意味着这是一种损失，知识外溢越多，说明与他人交流就越多，就越有利于知识内溢，同时在与他人交流的过程中更容易摩擦出创新的火花。

4.3 本 章 小 结

首先，对两种典型的区域创新模式即区域创新竞争和区域协同创新的内涵进行分析。对于一个区域来说，究竟是选择创新竞争、协同创新模式还是二者的结合受到众多因素的影响。其中，知识溢出是一个不可忽视的因素。通过分析知识溢出对协同创新的双向影响来说明为什么这两种创新模式会并存。其次，运用博弈论的理论与模型分析知识溢出对创新竞争模式和协同创新模式下的创新利润和创新投入的影响，并运用数值模拟的方法进行了测度。最后，分析了区域间协同创新的必要性，分析协同创新过程中知识溢出是如何发生的，在此基础上运用博弈论的理论与模型分析知识外溢对协同创新共同努力、创新知识投入和创新利润的影响，并运用数值模拟的方法进行了测度。另外，在进行模型分析和数值模拟时都考虑了影响知识创新过程的重要变量的吸收能力。

第5章 知识溢出影响知识传导过程中网络形成的机理及测度

在知识溢出传导过程中，知识创新网络是知识传播和扩散的渠道和平台，对溢出知识的流动效率具有重要影响，而知识溢出反过来对创新网络的形成具有重要影响。因此，本章主要分析知识溢出对知识传导过程中创新网络形成的影响以揭示知识溢出对创新知识传导过程的机理。

5.1　区域知识创新网络

5.1.1　区域知识创新网络的内涵

根据知识活动的发生过程，可以发现区域知识流动具有群体联结的特性，即"网络"特性；根据知识活动发生的本质，可以发现区域知识流动具有更加鲜明的非正式性质，即"社会"属性（钟琦，2009）。因此，在研究区域知识流动和知识溢出等问题时，有必要将这两种属性结合起来进行研究，即把知识活动纳入社会网络中进行考察，而社会网络理论恰好为此提供了理论依据。从知识管理的角度来看，运用社会网络分析可以反映出人与人之间或部门与部门之间重要的知识关系，对于提高组织中的协作、知识创新和知识传播具有重要意义。社会网络分析使得管理者可以很容易地想象和理解一些推动或阻碍知识创新和传播的相互关系。网络的社会关系可以使内部成员能够及时地了解谁有哪些方面的知识，评估哪些人会积极地和他人交流，帮助他人解决问题，从而可以及时地获取所需要的知识。为此，有必要在"社会网络"的视角下开展区域知识溢出的研究。

5.1.2　区域知识创新网络的构成

区域知识创新网络由很多结点组成，这些结点包括实体结点和功能结点。企业、大学、科研机构、政府、中介机构等创新主体作为网络中的组织单元被称为实体性结点。这些主体之间的相互作用主要表现为科研机构不断地为企业提供新的知识和技术以及为企业员工提供教育和培训；地方政府为知识创新网络中的知识流动创造良好的环境，提供促成创新主体合作的机制，提高知识创新的效率；金融机构为整个知识创新网络的发展提供金融支持。它们都对知识创新网络中的知识流动起到了支持作用。组织单元之间通过交流而产生的具有进一步扩散价值和作用的事物和行为，如新思想、新成果等称为功能性结点。区域中的人才、知识、信息、技术、资金以及政策等资源在区域创新网络中不断流动推动了网络式知识创新的发生。

5.2 知识溢出对网络结构的影响

Yoshiyuki Takeda 等（2008）以复杂网络理论和区域创新网络为基础，对日本山形地区产业集群的研究表明认识网络结构和物理密度对提高集群知识流动、区域学习和资源转化效率是十分必要的。希林和菲尔普斯（Schilling & Phelps，2007）认为网络结构直接影响网络的潜力及其创造的知识，网络结构密集的集群传输信息的能力强，能促进网络结点间的交流与合作。

5.2.1 知识溢出对网络规模的影响

网络规模指的是网络中各成员间的联系总量，用以描述网络大小和网络联结数。网络中的结点数越多，连接关系越多，网络规模就越大。知识创新网络的知识流动越快、知识溢出越多，表明网络中结点的知识流通渠道也越多，网络中嵌入的潜在知识资源越丰富，知识存量就越大，从而存在大量异质性、高价值知识的可能性也越大，于是就更容易吸引新的结点加入，促进网络规模的扩张。

5.2.2　知识溢出对网络联结强度的影响

社会网络的结点通过联结产生联系。因此，在进行网络分析的时候，联结成为最基本的分析单位。联结强度最早是格兰诺维特（Granovetter，1973）在《弱连接的力量》（*The Strength of Weak Ties*）中提出的。他把联结分为强联结和弱联结。强联结指的是频繁互动所形成的联系，而弱联结指的是一种互动较少的松散联系。强联结常常发生在群体内部，由于个体在群体内部所认知的知识具有较大的相似性，导致经过强联结所接受的信息往往是冗余的；弱联结常常发生在群体之间，所对应的知识具有一定差异，能够将其他群体的信息带到本群体。强联结和弱联结有其各自的特点，在知识和信息传递过程中发挥着不同的作用。联结强度可通过联系频率进行衡量。

在知识创新过程中，当创新主体碰到新的难题时，其第一反应往往是回顾之前自己有没有解决相关问题的经历，如果有，则会优先尝试按照此前的经验解决问题；如果自己没有相关的经历，则会转而向网络中具有相关经验的成员求助；如果其他成员也没有类似的经历，创新主体才会选择逻辑思考。上一次向其他成员请求援助的反馈结果又会影响下一次的搜寻决策。换言之，知识搜寻的范围受到此前经验累积的影响，搜寻者会按照一定的惯性选择相似网络进行发展，使得搜索限于特定的若干个结点之间（王夏洁和刘红丽，2007）。

知识溢出尤其是高质量的、复杂的或隐性知识的溢出和传递依赖于创新主体之间经常性、大量的交互作用。这就要求创新主体要在一定的信任、合作与稳定的基础上进行合作，因此需要强联结的网络结构。但是，强联结使得双方在熟悉的过程中思维方式趋于一致，不利于观念型知识的共享，从而降低观念型知识溢出的效果。此外，由于强联结的封闭性可能会导致新知识无法进入网络，使得创新主体只能在一个与自己所拥有知识相似的圈子中活动，而无法搜索网络外部的新知识。而弱联结的结点之间由于冗余信息比较少，所以能提供更多的知识共享机会，有利于知识溢出，尤其有利于简单知识的溢出。

5.2.3　知识溢出对网络度分布的影响

度分布从整体上描述了知识创新网络中每个结点与其他结点联系数量的分布情况，又称为顶点度。度数不同的点在网络中的地位和作用也是不同的。一个结点的度越大就意味着这个结点在网络中越"重要"。结点度分布 $p(k)$ 表示网络中度为 k 的结点的个数占网络结点总数的比例，即在网络中随机任取一个结点，它的度数为 k 的概率。在实际应用该指标来研究网络结构时，一般采用结点度的累积分布作图的方法。结点度累积分布的形式为 $P(k) = \sum_{k' \geqslant k} p(k')$。就单个结点而言，顶点度的概念与网络中心度（Centrality）的概念较为类似，它们都反映了联结数量的多少及其在网络中的影响与重要程度。社会资本理论认为，创新网络中结点的社会资本的多寡在很大程度上取决于其社会联结的多少，联结代表了各类资源的获取渠道。就单个结点的发展而言，结点总是倾向于从关系稀疏地带向关系稠密地带移动，以获取更多的社会资本。在知识创新网络中，拥有较少知识资源的结点，也总是倾向于向拥有较多知识资源的地带移动，以获取更多的知识溢出。度分布反映了创新网络中某一结点与其他结点联结的多寡，进而明确了它在网络中的地位及影响力。用于较多知识资源的结点具有更多获取新知识和资源的机会及优势，往往会成为知识创新的中心，处于结构空洞位置的结点，往往会占据网络中的关键路径。

5.2.4　知识溢出对网络聚类程度的影响

网络结点的聚类系数指的是与它相连接结点中，存在边的比率。对于一个网络 $G = (V, E)$，聚类系数 C_i 定义为

$$C_i = \frac{2 \left| (v, w) \left| (i, v), (i, w), (v, w) \in E \right| \right|}{k_i (k_i - 1)}$$

其中，k_i 为结点 i 的度。

聚类系数也体现了一对结点之间关系被第三方关系包围的程度。在知识创新网络中，如果知识源结点积极、主动地促进知识流动和知识溢出，其自身的知识传播行为就会被其他结点了解和掌握，从而提升其自身的形象和影响力，这个结点也很容易从其他结点获取自己需要的知识。反之，如果知识源结点过于保守，不愿意把知识传递给其他结点，那么其将来获取知识的难度就会增加。因此，知识源结点积极促成知识流动和知识溢出的态度和行为，容易促成结点之间的合作，而且能够增加结点之间的信任，消除机会主义，提高网络的聚类程度。相应地，网络聚类程度的提高，使得网络结点更加关注知识流动的长期利益，加强知识流动的持续性。

当该节点需要其他节点所拥有的知识时，其他节点也会传递给他；如果在知识传递的过程中过于保守，将来也会无法获得知识。

5.3 知识溢出影响知识创新网络结构的仿真

5.3.1 模型的构建

在知识创新网络中，知识是主要的创新资源，创新主体之间的知识互补性是知识创新网络存在的一个重要条件。在知识流动过程中引发的知识溢出使得网络主体的知识水平不断提升，导致网络主体之间的知识差异度不断缩小，削弱了主体结网的基础。在网络演化过程中，主体间的知识差异度小于1%时，则认为主体间的知识大致相同。因此，在知识溢出的情况下，网络主体只有维持相应水平的知识创新率，才能维持适度的知识差异度，从而满足结网的基本条件。网络创新率的大小和知识溢出引发的知识增长将改变网络的知识差异度，进而影响到网络的演化。随着外界条件的变化，网络主体会按照知识互补和择优连接的原则从网络内选择其他的主体建立新连接。

网络中的行为主体会具备一定的知识，这些知识随着行为主体之间知识流动、知识溢出、知识创新的发生而不断增加。用 $v_{i,k}^{t}$ 来表示在 t 时刻行为主体 i 在知识集 $k \in \{1, \cdots, K\}$ 中的知识禀赋，$v_{i,k}$ 在 $[0, 1]$ 之间随机取值。在网络中，行为主体间要发生知识溢出，二者之间必须具有足够大的知识势差。行为主体 i 和行为主体 j 之间的知识势差表示为

$$\Delta(i, j) = \max\left\{r, \frac{1}{r}\right\} - 1$$

其中，$r = |v_i| / |v_j|$，$|\cdot|$ 表示标准欧几里得向量，只有当 $\Delta(i, j) < \theta \in (0, \infty)$ 时，行为主体 i 才可能向 j 发生知识溢出。对于任意一个知识集 k，当行为主体 i 向 j 发生知识溢出时，行为主体 j 的知识就会相应的增加，即：

$$v_{j,k}^{t+1} = v_{j,k}^{t} + \alpha \times \max\{0, v_{i,k}^{t} - v_{j,k}^{t}\}$$

其中，系数 $\alpha < 1$，表明行为主体对知识溢出的吸收情况。

Albert 等（2002）针对大量的实际网络进行实证研究，发现绝大多数复杂网络呈现出极强的异质性，该种结点的度值服从幂律分布，即 $P(k) \propto k^{-\gamma}$，其中 $P(k)$ 是结点度值为 k 的概率，γ 为大于 0 的常数。这种幂律关系表明，现实中绝大多数复杂网络的结点的度值并不是均匀分布的，而是极其不均匀的，极少数结点的度值很大，而绝大多数结点的度值很小。这类复杂网络称为无标度网络（Scale-free）。

在仿真过程中，构造仿真方案使用的初始网络都是无标度网络（随机网络）。仿真方案所使用的算法是巴拉巴西等（Barabási et al.，1999）设计的基于网络增长和优先连接特性的 BA 无标度网络模型的构造算法。具体算法如下：

（1）拓扑增长：从 m_0 个结点的网络开始，每次引入一个新的结点并连接到 m 个已存在的结点，这里 $m < m_0$。

（2）优先连接：一个新结点与一个已经存在的结点 i 相连接的概率 $\prod_i$ 与结点 i 的度 k_i 之间满足以下关系：

$$\prod_i = \frac{k_i}{\sum_j k_j}$$

经过 t 步后，这种算法会产生一个有 $N = t + m_0$ 个结点、mt 条边的网络。

按照 BA 无标度网络模型生成方法，随机地为每个新主体分配一个长度为 K 的知识集，知识集的类别是固定的，并且每个类别的知识值依据 $v_{i,k} \in [0，1]$ 随机产生。在选择连接时，先选出满足互补条件的所有候选主体，然后通过轮盘赌算法选择最终对象（李金华，2007）。

在网络演化过程中，采用均匀概率随机选择 n_s 个主体发生知识溢出，通过调节 n_s 可以模拟出知识溢出的多少。

5.3.2 数值模拟

5.3.2.1 仿真方案设计

为了更加清晰地揭示知识溢出对网络结构的影响，我们构造了 3 套仿真方案，如表 5 - 1 所示。

表 5 - 1　　　　　　　　　　　　仿真方案

对比项	方案 I	方案 II	方案 III
初始网络	无标度网络	无标度网络	无标度网络
调节因子	知识溢出较多	知识溢出不多	知识溢出较少
	$n_s = 0.1N$	$n_s = 0.05N$	$n_s = 0.01N$

模型的相关参数分别设置如下：

（1）无标度网络的参数设置：总结点数 $N = 100$，未增长前的网络结点个数 $m_0 = 10$，每次引入的新结点时新生成的边数 $m = n_s$。

（2）其他参数：$K = 2$，$\alpha = 0.3$，$n_s = 0.1N$，$n_s = 0.05N$ 或 $n_s = 0.01N$，仿真时间步 $T = 30$。

5.3.2.2 模拟结果

利用 Matlab7.0 软件分别对 3 个方案在 $t = 0$、$t = T$ 两个关键时间点的网络结构形态进行数值模拟，结果如图 5 - 1 至图 5 - 18 所示。

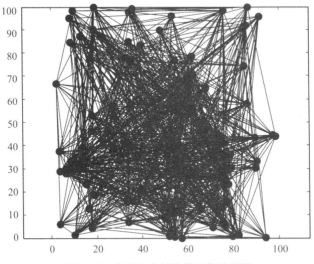

图 5 - 1 方案 I 中初始的无标度网络

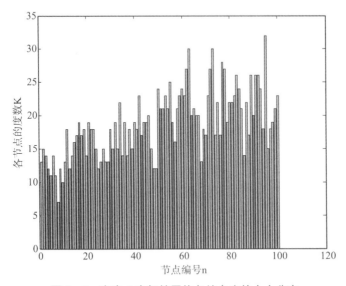

图 5 - 2 方案 I 中初始网络各结点度的大小分布

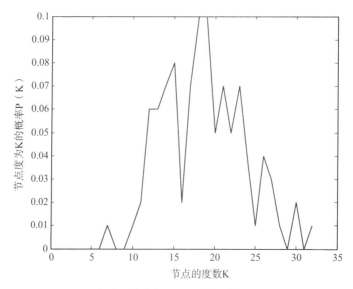

图 5 - 3　方案 I 中初始网络图中结点度的概率分布

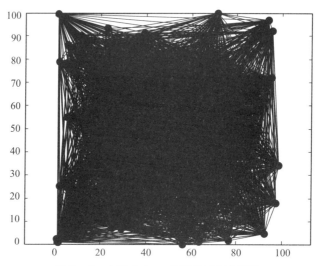

图 5 - 4　方案 I 中 $t = T$ 时的无标度网络

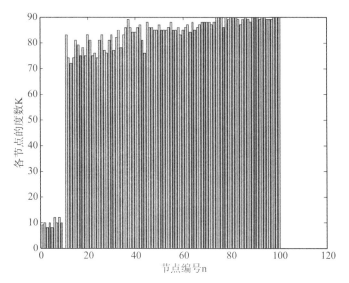

图 5 - 5   方案 I 中 $t = T$ 时网络中各结点度的大小分布

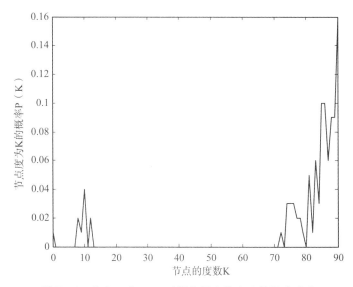

图 5 - 6   方案 I 中 $t = T$ 时网络图中结点度的概率分布

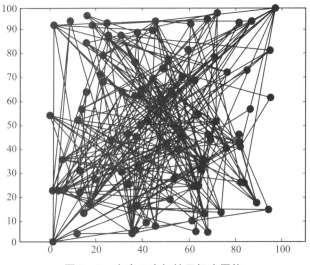

图 5 - 7　方案 II 中初始无标度网络

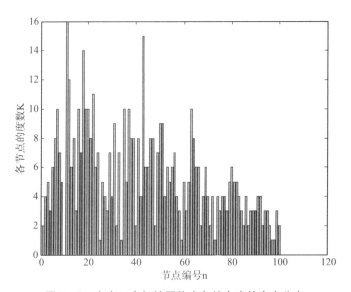

图 5 - 8　方案 II 中初始网络中各结点度的大小分布

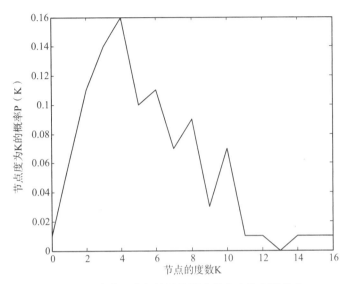

图 5 – 9　方案Ⅱ中初始网络图中结点度的概率分布

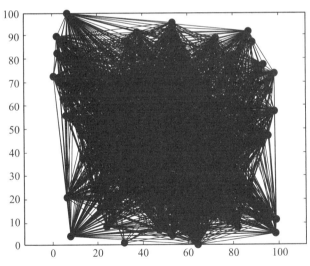

图 5 – 10　方案Ⅱ中 $t = T$ 时无标度网络

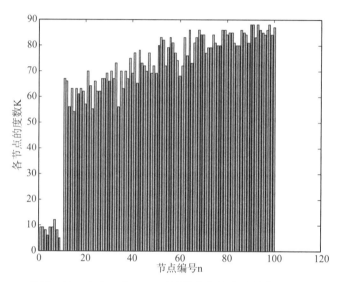

图 5 – 11   方案 Ⅱ 中 $t = T$ 时网络中各结点度的大小分布

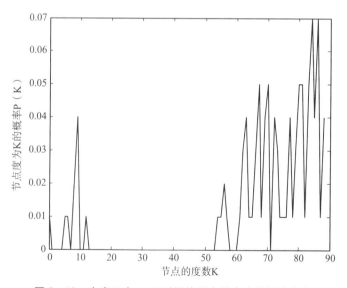

图 5 – 12   方案 Ⅱ 中 $t = T$ 时网络图中结点度的概率分布

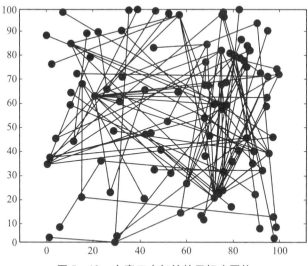

图 5 - 13   方案Ⅲ中初始的无标度网络

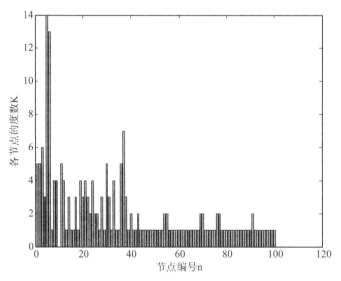

图 5 - 14   方案Ⅲ网络中各结点度的大小分布

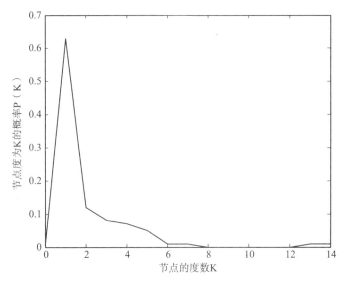

图 5 – 15　方案Ⅲ中初始网络图中结点度的概率分布

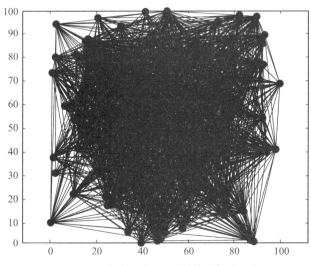

图 5 – 16　方案Ⅲ中 $t = T$ 时的无标度网络

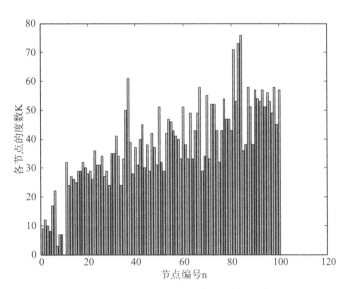

图 5 – 17　方案Ⅲ中 $t = T$ 时网络中各结点度的大小分布

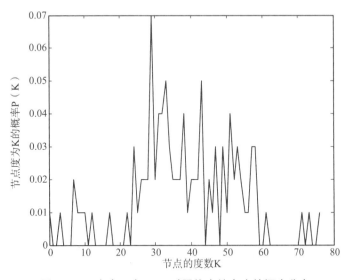

图 5 – 18　方案Ⅲ中 $t = T$ 时网络中结点度的概率分布

比较图 5 – 3、图 5 – 9 和图 5 – 15 可以看出，在初始情况下，在知识溢出水平很高的方案Ⅰ中，网络中结点度的概率分布类似于泊松分布；在知识溢出水平比较高的方案 Ⅱ 中，网络中结点度的概率分布界于泊松分布和幂律分布之间；而在知识溢出水平比较低的方案 Ⅲ 中，网络中结点度的概率分布类似于幂律分布。

比较图 5 - 3 和图 5 - 6 可以看出，在知识溢出水平很高的情况下，经过 T 时间演化后，网络中结点度概率分布的幂律截尾现象非常明显。比较图 5 - 9 和图 5 - 12 可以看出，在知识溢出水平比较高的情况下，经过 T 时间演化后，网络中结点度概率分布也呈现出幂律截尾现象。比较图 5 - 15 和图 5 - 18 可以看出，在知识溢出水平比较低的情况下，经过 T 时间演化后，网络中结点度概率分布类似于泊松分布。由此可知，当知识溢出水平较高时，经过演化，网络的幂律截尾特征会更加显著。这是因为网络知识溢出的产生是择优选择的，在知识溢出水平较高时，随机性因素带给网络的干扰会比较小，网络断除择优重连的择优机制会更显著，使得网络在演化过程中保持更多的择优性，使得网络更容易出现幂律截尾现象。同时，还可以说明，知识溢出有利于加强网络成员彼此之间的联系。

由图 5 - 4、图 5 - 5、图 5 - 10、图 5 - 11、图 5 - 16、图 5 - 17 可以看出，经过 T 时间演化后，随着知识溢出水平的不断提高，网络中各结点的度数不断增加。这说明网络结点的知识溢出越高，网络结点的度数就越大，其在网络中的影响与重要程度就越高。

由图 5 - 1、图 5 - 4、图 5 - 7、图 5 - 10、图 5 - 13、图 5 - 16 可以看出，网络的知识溢出水平对网络的关系强度具有重要影响，随着知识溢出水平的提高，网络关系强度迅速提高。

综上所述，网络知识溢出水平的高低对网络结构的演化具有重要的影响。

5.4　本章小结

区域知识创新网络是开展知识创新活动和创新知识扩散的重要平台，

通过分析知识溢出对区域知识创新网络形成的影响，可以进一步认识清楚知识溢出对区域创新活动和创新绩效的影响过程。本章在对区域知识创新网络的内涵和构成进行分析的基础上，分别从理论上分析了知识溢出对区域知识创新网络规模、网络联系强度、网络度分布和网络聚类程度的影响。并运用仿真模拟分析了知识溢出对知识创新网络结构的影响。

第6章　知识溢出对中国省域知识创新影响的实证研究

6.1 中国省域知识创新的空间分布特征分析

6.1.1 知识创新投入和产出的界定

与其他生产活动一样，知识创新活动也有一定的投入和产出，但是其投入和产出很难进行准确计量。在借鉴前人研究成果的基础上，本书分别对知识创新的投入和产出做以下界定。

（1）知识产出。知识创新的产出有众多的表现形式，有专利、学术论文等显性表现形式，也有技术秘密、经验等隐性表现形式。知识产出有专利、学术论文等显性表现形式，也有技术秘密、经验等隐性表现形式。由于隐性知识难以度量，暂不予考虑。同时，很多技术成果都是在文献研究的基础上产生的，因此专利也体现着部分学术论文成果。因此，主要采用专利申请量衡量知识产出。数据来源于各年度《中国统计年鉴》。

（2）知识创新资本投入。知识创新需要一定的客观要素投入，也就是研究资源的投入，我们采用各地区 R&D 经费内部支出来衡量知识创新的资本投入，并用以 1998 年为基期的 GDP 平减指数对数据进行调整。数据来源于各年度《中国科技统计年鉴》。

（3）知识创新的智力投入。知识创新需要研发人员的智力投入，我们采用各地区 R&D 人员折合全时当量来衡量知识创新的智力投入。数据来源于各年度《中国科技统计年鉴》。

（4）其他投入要素。随着全球经济一体化的不断深入，各个国家尤其是发展中国家将外商直接投资作为获取国外先进技术、节约研发投入、发挥后发优势的主要途径。在开放经济条件下，某个国家的研发活动会通过技术和资本品投资的形式影响其他国家的技术水平。因此，FDI 是国际知识溢出的重要渠道。凯夫斯（Caves，1974）和格洛伯曼（Globerman，

1979）较早地对 FDI 的知识溢出效应进行了实证研究。关于 FDI 对东道国知识创新的影响，国内外学者持有两种观点：一种观点认为 FDI 对东道国知识创新具有促进作用；另一种观点认为 FDI 对东道国知识创新具有抑制作用。因此，将各省份实际利用 FDI 量作为知识创新的投入要素，研究 FDI 的知识溢出效应对中国省域知识创新的影响。各地区 1998～2009 年实际利用 FDI 数据来源于商务部的统计。数据用各年份美元兑人民币中间价进行了折算，并用以 1998 年为基期的固定资本投资价格指数进行调整。由于青海省 1998 年和 2000 年的数据缺失，数据由前后年份的平均值替代。

6.1.2 中国省域知识创新的空间梯度分布

运用 GeoDa 软件，分别绘制出 1998～2009 年间中国省域知识产出和投入要素年均增长率的四分位图，以此描述知识创新活动的空间分布特征。

（1）专利申请量增长率梯度分布。1998～2009 年度，中国省域专利申请量年均增长率处在第 1 梯度的是海南、新疆、吉林、内蒙古、广西、黑龙江和河北，年均增长率为 10.30%～12.16%；处在第 2 梯度的是江西、云南、辽宁、青海、湖南、贵州、福建和甘肃，年均增长率为 12.16%～14.30%；处在第 3 梯度的是河南、山西、宁夏、北京、山东、广东和陕西，年均增长率为 18.59%～23.39%；处在第 4 梯度的是湖北、四川、重庆、安徽、天津、浙江、上海和江苏，年均增长率为 23.97%～36.95%。

（2）R&D 经费内部支出增长率梯度分布。1998～2009 年度，中国省域 R&D 经费年均增长率内部支出处在第 1 梯度的是甘肃、陕西、北京、四川、辽宁、黑龙江和上海，年均增长率为 5.76%～10.12%；处在第 2 梯度的是湖北、云南、贵州、吉林、山西、青海、天津和新疆，年均增长率为 10.37%～14.70%；处在第 3 梯度的是宁夏、广东、重庆、河南、河北、江苏和安徽，年均增长率为 14.94%～16.70%；处在第 4 梯度的是湖南、江西、山东、海南、天津、福建、内蒙古和广西，年均增长率为 17.02%～33.67%。

（3）R&D 活动人员增长率梯度分布。1998～2009 年度，中国省域 R&D

活动人员年均增长率处在第 1 梯度的是甘肃、四川、陕西、辽宁、吉林、黑龙江和云南，年均增长率为 2.52% ~4.06%；处在第 2 梯度的是北京、江西、贵州、新疆、内蒙古、河北、天津和重庆，年均增长率为 8.13% ~10.40%；处在第 3 梯度的是湖北、山西、河南、湖南、上海、安徽和山东，年均增长率为 10.82% ~13.19%；处在第 4 梯度的是青海、江苏、宁夏、广西、海南、福建、广东和浙江，年均增长率为 17.26% ~26.15%。

（4）FDI 增长率梯度分布。1998 ~2009 年度，中国省域实际利用 FDI 年均增长率处在第 1 梯度的是广西、福建、广东、上海、江苏、山东和北京，年均增长率为 0.96% ~11.74%；处在第 2 梯度的是湖北、河北、湖南、山西、吉林、浙江、天津和贵州，年均增长率为 13.03% ~19.47%；处在第 3 梯度的是云南、四川、辽宁、黑龙江、新疆、江西和重庆、年均增长率为 20.61% ~26.05%；处在第 4 梯度的是甘肃、安徽、河南、陕西、海南、宁夏、内蒙古和青海，年均增长率为 26.36% ~106%。

6.1.3　全局自相关性分析

利用探索性空间数据分析和空间计量经济方法对中国省域知识创新的空间分布特征进行全局空间自相关性分析，从而在整体上刻画出省域知识创新的集聚情况。莫兰（Moran）指数 I 是最早用于全局聚类检验的方法，检验整个研究区域中邻近地区间是相似、相异，还是相互独立的。其计算公式如下：

$$I = \frac{\sum_{i=1}^{n} \sum_{j=1}^{n} w_{ij}(Y_i - \bar{Y})(Y_j - \bar{Y})}{S^2 \sum_{i=1}^{n} \sum_{j=1}^{n} w_{ij}} \quad (6.1)$$

式（6.1）中，I 为 Moran 指数；$S^2 = \frac{1}{n} \sum_{i=1}^{n} (Y_i - \bar{Y})^2$，为属性的方差；$\bar{Y} = \frac{1}{n} \sum_{i=1}^{n} Y_i$，为属性的平均值；$Y_i$ 表示第 i 个区域某一要素的属性值；n 是所研究的区域数；W 为空间权重矩阵（Moran，1948）。

Moran 指数 I 可以视为观测值与其空间滞后之间的相关系数。变量 Y_i

的空间滞后是 Y_i 在邻域 j 的平均值，其定义为

$$Y_{i,-1} = \sum_j w_{ij} Y_{ij} \Big/ \sum_j W_{ij} \qquad (6.2)$$

Moran 指数的取值区间为 [-1, 1]，大于 0 表示该空间事物的属性分布具有正相关性；小于 0 表示该空间事物的属性分布具有负相关性；接近于 0 表示属性是随机分布的，不存在空间自相关性；接近 1 时表示相似的属性集聚在一起（即高值与高值相邻、低值与低值相邻）；接近 -1 时表示相异的属性集聚在一起（即高值与低值相邻、低值与高值相邻）（沈体雁，2010）。

对于 Moran 指数可以用标准化统计量 Z 来检验 n 个区域是否存在空间自相关关系，Z 的计算公式为

$$Z = \frac{I - E(I)}{\sqrt{\mathrm{VAR}(I)}} \qquad (6.3)$$

当 Z 值为正时，表明存在正的空间自相关，即相似的观测值趋于空间集聚；当 Z 值为负且显著时，表明存在负的空间自相关，即相似的观测值趋于分散分布；Z 为零时，观测值呈独立随机分布。

在进行空间自相关性度量时，需要定义空间对象的相互邻接关系。空间计量经济学引入空间权重矩阵对空间单元的位置进行量化。空间位置的量化最常用的是空间相邻距离，通过定义一个二元对称空间距离权重矩阵来表达 n 个位置的空间区域的邻近关系，其形式如下：

$$W = \begin{bmatrix} w_{11} & \cdots & w_{1n} \\ \vdots & \ddots & \vdots \\ w_{ni} & \cdots & w_{nn} \end{bmatrix}$$

式中 w_{ij} 表示区域 i 与 j 的邻近关系。基于邻接概念的空间权重矩阵包括"车"（Rook）和"皇后"（Queen）两种，Rook 邻接定义为仅有公共边界的邻接，Queen 邻接除了共有边界的邻接外还包括有共同顶点的邻接。运用"Rook"相邻设定权重矩阵，如果区域 i 和区域 j 有共同的边，则称区域 i 和区域 j"车"相邻，记 $w_{ij} = 1$；否则记 $w_{ij} = 0$。运用 Rook 邻接方法设定权重矩阵，得出中国内地 31 个省、市、自治区的一阶邻接矩阵，邻接矩阵

的 961 个元素中，共有 136 个元素是非零的，反映了对应省、市、自治区的相邻关系。

运用 GeoDa 软件计算得出了 1998～2009 年中国省域知识产出、R&D 经费内部支出、R&D 活动人员和利用 FDI 的年均增长率的 Moran 指数分别为 0.3027、0.0689、0.2797 和 0.1273；运用随机排列检验法检验 Moran 指数的显著性水平，结果显示在 5% 的显著性水平下知识产出、R&D 活动人员和 FDI 增长率的空间自相关是显著的，R&D 经费内部支出增长率的空间自相关性不显著，如表 6-1、图 6-1 至图 6-4 所示。根据 Moran 指数以及随机排列法检验的结果可以看出，知识产出、R&D 活动人员和 FDI 增长率呈现出显著的空间集聚特征。

表 6-1   知识创新的空间自相关性检验

检验类别	专利申请量	R&D 经费支出	R&D 活动人员	FDI
Moran 指数	0.3027 ***	0.0689	0.2797 ***	0.1273 **
P 值	0.0030	0.1820	0.0030	0.0470

注：*** 和 ** 分别表示在 1% 和 5% 的水平下通过显著性检验。

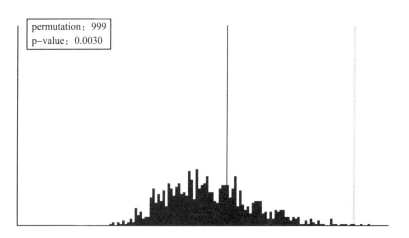

I：0.3027 E[I]：−0.0345 Mean：−0.0382 sd：0.1045

图 6-1　知识产出变量的随机排列检验

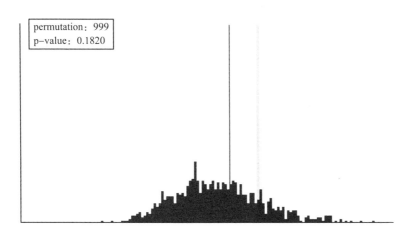

I：0.0689 E[I]：−0.0345 Mean：−0.0257 sd：0.1058

图 6 − 2　R&D 经费内部支出变量的随机排列检验

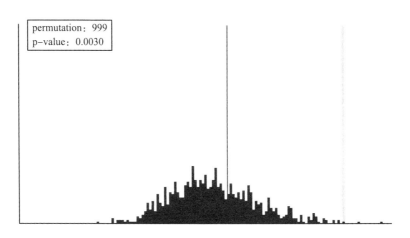

I：0.2797 E[I]：−0.0345 Mean：−0.0326 sd：0.1020

图 6 − 3　R&D 活动人员变量的随机排列检验

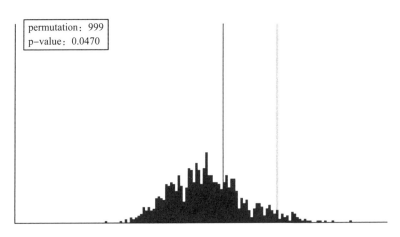

I:0.1273 E[I]: −0.0345 Mean: −0.0377 sd: 0.0883

图 6 – 4   FDI 变量的随机排列检验

6.1.4   局部空间自相关性分析

6.1.4.1   局部 Moran 指数

Anselin（1995）提出了一个衡量局部自相关性（Local Indicator of Spa-
tial Association，LISA）的局部 Moran 指数，用来检验局部地区是否有相似
或相异的观察值集聚在一起。区域 i 的局部 Moran 指数可以用来度量该区域
和它的邻域之间的关联程度，定义为：

$$I_i = \frac{(Y_i - \overline{Y})}{S^2} \sum_{j \neq i} w_{ij} (Y_j - \overline{Y}) \qquad (6.4)$$

I_i 为正值，表示一个高值被高值所包围，或一个低值被低值所包围。I_i
为负值，表示一个低值被高值所包围，或一个高值被低值所包围。

6.1.4.2   Moran 散点图

Moran 散点图是用散点图描述变量 Y 与其空间滞后（即该观测值周围
邻居的加权平均）向量 WY 之间的相关关系，横轴对应描述变量，纵轴对
应空间滞后向量。图 6 – 5 至图 6 – 8 是中国省域知识产出、R&D 经费内部
支出、R&D 活动人员和 FDI 四个变量的 Moran 散点图。

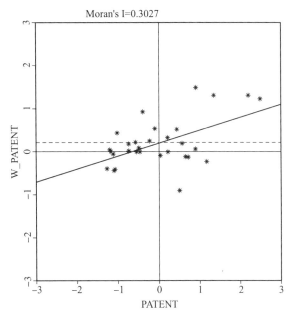

图 6 - 5　知识产出变量散点图

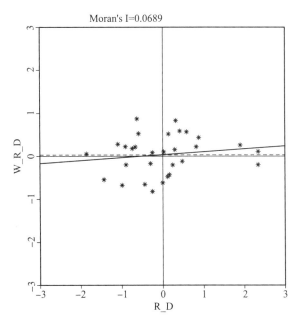

图 6 - 6　R&D 经费内部支出变量散点图

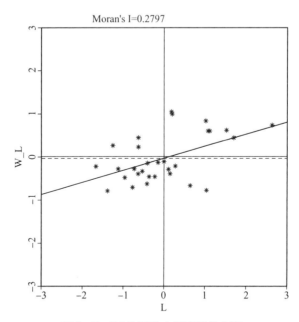

图 6 - 7　R&D 活动人员变量散点图

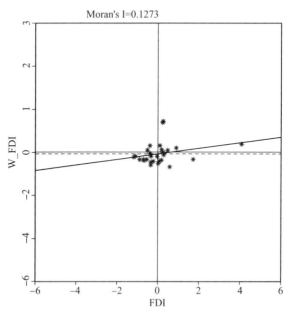

图 6 - 8　FDI 变量散点图

（1）知识产出变量。在图6-5中，位于第一象限（HH）的分别是江西、上海、浙江、安徽、山东、宁夏、陕西、重庆、北京，表示知识产出增长率高的区域被其他知识产出增长率低的区域所包围；位于第二象限（LH）的分别是新疆、云南、青海、贵州、湖南、江西、辽宁、甘肃、河南、河北、福建、吉林，表示知识产出增长率低的区域被其他知识产出增长率高的区域所包围；位于第三象限（LL）的分别是内蒙古、海南、广西、黑龙江，表示知识产出增长率低的区域被其他知识产出增长率低的区域所包围；位于第四象限（HL）的分别是山西、湖北、四川、天津、广东，表示知识产出增长率高的区域被其他知识产出增长率低的区域所包围。可以发现，多数省区知识产出增长率位于第一象限和第三象限，属于高—高集聚和低—低集聚类型。

（2）R&D经费内部支出变量。在图6-6中，位于第一象限（HH）的分别是广西、浙江、江西、河北、福建、江苏、海南、安徽、广东、山东，表示R&D支出增长率高的区域被其他R&D支出增长率高的区域所包围；位于第二象限（LH）的分别是辽宁、黑龙江、吉林、湖北、贵州、云南、北京、上海，表示R&D支出增长率低的区域被其他R&D支出增长率高的区域所包围；位于第三象限（LL）的分别是宁夏、青海、新疆、四川、甘肃、陕西、山西，表示R&D支出增长率低的区域被其他R&D支出增长率低的区域所包围；位于第四象限（HL）的分别是天津、湖南、河南、重庆、内蒙古，表示R&D支出增长率高的区域被其他R&D支出增长率低的区域所包围。可以发现，各个省区R&D支出增长率的空间集聚特征不显著。

（3）R&D活动人员变量。在图6-7中，位于第一象限（HH）的分别是浙江、广东、福建、广西、海南、江苏、安徽、上海，表示R&D活动人员投入增长率高的区域被其他R&D活动人员投入增长率高的区域所包围；位于第二象限（LH）的分别是贵州、江西、陕西，表示R&D活动人员投入增长率低的区域被其他R&D活动人员投入增长率高的区域所包围；位于第三象限（LL）的分别是湖北、重庆、天津、内蒙古、河北、新疆、北京、云南、辽宁、四川、甘肃、黑龙江、吉林，表示 R&D 活动人员投入增长率低的区域被其他 R&D 活动人员投入增长率低的区域所包围；位于第四象限（HL）的分别是宁夏、青海、湖南、河南、山东、山西，表示 R&D 活动人员投入增长率高的区域被其他 R&D 活动人员投入增长率低的区域所包围。可以发现，多数省区知识产出增长率位于第一和第三象限，属于高—高集聚和低—低集聚类型，其中低—低集聚的省区最多。

（4）FDI 变量。在图 6 - 8 中，位于第一象限（HH）的分别是青海、宁夏、陕西、四川、黑龙江、新疆、甘肃，表示 FDI 增长率高的区域被其他 FDI 增长率高的区域所包围；位于第二象限（LH）的分别是山西、湖北，表示 FDI 增长率低的区域被其他 FDI 增长率高的区域所包围；位于第三象限（LL）的分别是北京、上海、广东、广西、湖南、吉林、云南、贵州、山东、江苏、河北、天津、浙江、福建、辽宁，表示 FDI 增长率低的区域被其他 FDI 增长率低的区域所包围，位于第四象限（HL）的分别是河南、重庆、内蒙古、海南、安徽、江西，表示 FDI 增长率高的区域被其他 FDI 增长率低的区域所包围。可以发现，多数省区利用 FDI 增长率位于第三象限，属于低—低集聚类型。

6.1.4.3 空间关联局域指标（LISA）集聚图和显著性检验图

LISA 集聚图可以将变量呈现不同空间自相关关系的地区用不同的颜色表示出来，对 Moran 散点图具有补充说明的作用。下文分别对中国 30 个省、区、市的知识产出、R&D 经费内部支出、R&D 活动人员和 FDI 四个变量的集聚情况进行描述和检验。

（1）知识产出变量。在 1% 的显著性水平下，安徽、江苏、浙江三省知识创新产出增长率的高—高集聚特征显著，说明东部沿海省区高知识创新产出集聚特征显著；在 5% 的显著性水平下，广东作为知识产出增长率高的省区被其他知识产出增长率低的省区所包围，福建作为知识产出增长率低的省区被其他知识产出增长率高的省区所包围。

（2）R&D 经费内部支出变量。在 5% 的显著性水平下，青海和四川作为 R&D 支出增长率低的省区被其他 R&D 支出增长率较低的省区所包围，说明中国西南地区 R&D 支出低—低集聚特征显著；广东作为 R&D 支出增长率高的省区被其他 R&D 支出增长率高的省区所包围，高—高集聚特征显著；上海作为 R&D 支出增长率低的省区被其他 R&D 支出增长率高的省区所包围。

（3）R&D 活动人员变量。在 5% 的显著性水平下，四川和黑龙江作为 R&D 活动人员增长率较低的省区被其他 R&D 活动人员增长率较低的省区所包围，说明中国西南地区和东北地区 R&D 活动人员增长率低—低集聚特征显著；安徽、浙江、江苏和上海 R&D 活动人员增长率较高的省区被其他 R&D 活动人员增长率较高的省区所包围，高—高集聚特征显著；宁夏作为 R&D 活动人员增长率较高的省区被其他 R&D 活动人员增长率较低的省区所包围，高—低集聚特征显著。

（4）FDI 变量。在 5% 的显著性水平下，新疆和甘肃作为利用 FDI 增长率较高的省区被其他利用 FDI 增长率较高的省区所包围，高—高集聚特征显著，说明近年来中国西北地区利用 FDI 增长速度提高较快；浙江作为利用 FDI 增长率较低的省区被其他利用 FDI 增长率较低的省区所包围，低—低集聚特征显著；海南作为利用 FDI 增长率较高的省区被其他利用 FDI 增长率较低的省区所包围，高—低集聚特征显著。

6.1.5 探索性数据分析结果及解释

本节通过探索性数据分析发现知识产出、R&D 经费内部支出、R&D 活动人员和实际利用 FDI 的增长率呈现出显著的空间集聚特征。

（1）用专利申请量表示的知识产出具有较强的空间自相关性，说明某一省份知识产出受邻近其他省区知识产出的影响比较显著。吴玉鸣（2006）、王家庭和贾晨蕊（2009）的研究都表明专利申请量具有较强的空间相关性。李婧等（2010）的研究表明 1998~2007 年中国省域发明专利授权量具有明显的空间自相关性。万坤扬等（2010）的研究表明用万人发明与实用新型专利授权量衡量的省域创新产出具有显著的空间自相关性。而且东部沿海省区知识创新产出增长率高—高集聚特征显著。

（2）中国省域 R&D 经费内部支出增长率和 R&D 活动人员增长率呈现的空间分布特征是高—高相邻和低—低相邻。东部沿海地区的 R&D 经费支出增长率和 R&D 活动人员增长率都呈现高—高集聚特征显著，西南地区低—低集聚特征显著，这说明省域 R&D 经费内部支出和 R&D 活动人员投入方面存在"攀比效应"。对于经济发展水平比较落后的西南和东北地区，可以采取必要的财税政策，鼓励企业、高校和研发机构不断加大 R&D 经费支出，不断提高区域知识生产效率，用科技创新引领经济发展，缩短区域差距。

（3）中国省域利用 FDI 增长率的空间自相关性显著。西部地区高—高集聚特征显著，而东部地区低—低集聚特征显著。这说明近年来，西部地区竞相通过制定优惠政策、改善投资环境等措施利用 FDI，增长率提高较快；而东部沿海地区利用 FDI 的增长率在不断降低（胡彩梅和赵树宽，2011）。

6.2 知识溢出对中国省域知识创新的影响

知识溢出现象极为普遍，它在集聚、创新以及区域经济增长中的作用已经得到了广泛的证实。但是，知识溢出对中国省域知识创新的影响的研究尚不充分，也尚未形成一致的研究结论。本书以 1998～2009 年中国 30 个省、区、市的知识创新活动作为研究对象，在知识创新函数理论框架下运用空间计量经济模型分析知识溢出对中国省域知识创新的影响，以期能够对中国区域创新活动的实践提供借鉴。

6.2.1 构建基于空间面板数据模型的知识创新函数

知识创新函数的性质差异决定了知识创新活动的不同特征，考察知识创新函数的性质有利于更好地认识知识创新活动的投资回报率以及最优的创新投入规模。Griliches（1979）开创性地建立了描述 R&D 生产过程的知识生产函数，并将知识溢出定义为每个人在类似工作的研究中获益，并认为知识溢出是内生性增长的一个主要来源。

$$K_t = \alpha_0 \left[W(B) R_t \right]^\eta e^{\mu_t + v} \qquad (6.5)$$

式（6.5）中，K_t 为第 t 年的知识产出，R_t 为第 t 年的 R&D 投入，$W(B)$ 是一个滞后的函数，μ_t 为其他影响知识产出的趋势成分。

Jaffe（1989）把空间因素引入 Griliches（1979）所提出的知识生产函数模型，构建了包含空间溢出效应的知识生产函数模型：

$$I_{ij} = \alpha IRD^{\beta_1} \times UR_{ij}^{\beta_2} \times (UR_{ij} \times GC_{ij}^{\beta_3}) \times \varepsilon_{ij} \qquad (6.6)$$

式（6.6）中，i 表示区域，j 表示产业，I 表示创新产出，IRD 为私有部门的研发支出，UR 为大学的研究支出，GC 为大学和企业之间的距离。

在此之后，很多学者以 Griliches – Jaffe 模型为基础研究知识生产。应用比较广泛的有 Romer（1990）和 Jones（1995）在传统知识生产函数基础上构建的模型：

$$\dot{A}_{it} = \delta L_{it}^\lambda A_{it}^\phi \qquad (6.7)$$

式（6.7）中，$\dot{A}_{it}$、L_{it}、A_{it}^ϕ 分别为第 i 区域第 t 年的知识产出、R&D 人员数量和知识存量。

在知识生产函数中将 R&D 作为创新投入，其与 TFP 的关系直接影响到模型的准确性。Griliches（1994，1998）完成了 R&D 对 TFP 贡献率的评估，研究表明生产率随着总创新收益的增加而上升。Coe 和 Helpman（1995）利用 21 个 OECD 国家和以色列 1971 ~ 1990 年的面板数据开展的研究表明，国内和国外 R&D 资本存量与国内 TFP 存在正相关关系，研究结论支持了以 R&D 为基础的模型，同时也证明知识存量能够增强生产力、促进国际知识溢出吸收（赵勇和白勇秀，2009）。由此可见，知识生产函数被视为研究不同领域知识创新活动的投入产出关系或其知识溢出效率的有效分析工具。

知识具有空间溢出效应在理论和实践层面都得到了证实。因此，在构建省域知识生产函数时需要将空间自相关性考虑进去。

安瑟兰等（Anselin, 2008）指出，在确定空间依赖性时，基于空间面板数据的模型主要有空间滞后模型、空间误差模型和空间 Durbin 模型。空间滞后模型主要探讨各变量在某一地区是否存在溢出效应，也就是某一地区知识创新的所有解释变量都会通过一定的空间传导机制作用于其他地区。空间误差模型主要探讨邻近地区因变量的误差冲击对本地区观测值的影响程度。另外，自变量可能存在的空间相关性也是一个越来越受到重视的因素（例如，LeSage, 2004；Mur & Angulo, 2005；Kakamu, 2007 的研究）。空间 Durbin 模型考虑了自变量的空间自相关性，研究自变量的溢出效应对因变量的影响。

空间滞后模型、空间误差模型和空间 Durbin 模型的具体形式如下：

$$y_{it} = \delta \sum_{j=1}^{N} w_{ij} y_{jt} + \alpha + \beta x_{it} + \mu_i + \lambda_t + \varepsilon_{it} \qquad (6.8)$$

$$y_{it} = \alpha + \beta x_{it} + \mu_i + \lambda_t + \rho \sum_{j=1}^{N} w_{ij} \phi_{it} + \varepsilon_{it} \qquad (6.9)$$

$$y_{it} = \delta \sum_{j=1}^{N} w_{ij} y_{jt} + \alpha + \beta x_{it} + \theta \sum_{j=1}^{N} w_{ij} x_{ijt} + \mu_i + \lambda_t + \varepsilon_{it} \qquad (6.10)$$

其中，y 为被解释变量，i 是决策单元的个数，t 为时间，x 为解释变量，w_{ij} 为空间权重矩阵 W 中的元素，α 为截距项，δ 为空间自回归系数，ϕ_{it} 为空间自相关误差项，ρ 为空间自相关系数，$\varepsilon_{it} \sim N(0, \delta^2 I)$，$\mu_i$ 为地区效应，λ_t 为时间效应，当 μ_i 或 λ_t 被视为固定效应时，α 只能在 $\sum_i \mu_i = 0$、$\sum_i \lambda_i = 0$ 的情况下进行估计。

巴尔塔基（Baltagi, 2001）指出，样本回归分析局限于一些特定的个体时（如中国的省级行政单位），固定效应模型比随机效应模型更好。因为，本书以 1998～2009 年中国 30 个省级行政单位的数据为样本，研究空间知识溢出效应对省域知识创新的影响。所以，以 Romer-Jones 知识生产函数为基础，分别构建了基于固定效应的空间滞后模型、空间误差模型和空间 Durbin 模型，如式（6.11）、式（6.12）、式（6.13）所示。

$$\ln A_{it} = \delta \sum_{j=1}^{N} w_{ij} A_{jt} + \alpha + \beta_1 \ln K_{it} + \beta_2 \ln L_{it} + \beta_3 \ln FDI_{it} + \mu_i + \lambda_t + \varepsilon_{it}$$

$$(6.11)$$

$$\ln A_{it} = \alpha + \beta_1 \ln K_{it} + \beta_2 \ln L_{it} + \beta_3 \ln FDI_{it} + \mu_i + \lambda_t + \rho \sum_{j=1}^{N} w_{ij} \phi_{it} + \varepsilon_{it}$$

$$(6.12)$$

$$\ln A_{it} = \delta \sum_{j=1}^{N} w_{ij} A_{jt} + \beta_1 \ln K_{it} + \beta_2 \ln L_{it} + \beta_3 \ln FDI_{it} + \theta_1 \sum_{j=1}^{N} w_{ij} K_{ijt}$$

$$+ \theta_2 \sum_{j=1}^{N} w_{ij} L_{ijt} + \theta_3 \sum_{j=1}^{N} w_{ij} FDI_{ijt} + \mu_i + \lambda_t + \varepsilon_{it} \qquad (6.13)$$

其中，A_{it}为 i 地区第 t 年的新知识产出，K_{it}为 i 地区第 t 年新知识创新的资本投入，L_{it}为 i 地区第 t 年新知识创新的资本投入，FDI_{it}为 i 地区第 t 年实际利用外资额，w_{ij}为空间权重矩阵 W 中的元素，ϕ_{it}为空间自相关误差项，ρ 为空间自相关系数。

6.2.2 模型的估计与检验

在研究中不同模型有各自的使用条件，保罗·埃尔霍斯特（Paul El-horst，2009）提出了判断空间滞后模型、空间误差模型和空间 Durbin 模型适用性的流程，如图 6-9 所示（David C. Mowery et al.，1996）。

首先，运用 MATLAB7.0 对我们构建的空间滞后模型和空间误差模型进行 LM 检验。安瑟兰（Anselin，2006）提出了判断空间计量模型的 LM-LAG、LMERR 检验以及判断稳健性的 Robust - LMLAG、Robust - LMERR 检验。LM - Lag 和 LM - Error 检验的统计量如式（6.14）和式（6.15）所示。LM - Lag-robust 和 LM - Error-robust 检验的统计量如式（6.16）和式（6.17）所示。

$$LM - Lag = \frac{\left[e'(I_T \otimes W) Y / \hat{\sigma}^2 \right]^2}{J} \qquad (6.14)$$

$$LM - Error = \frac{\left[e'(I_T \otimes W) e / \hat{\sigma}^2 \right]^2}{T \times T_W} \qquad (6.15)$$

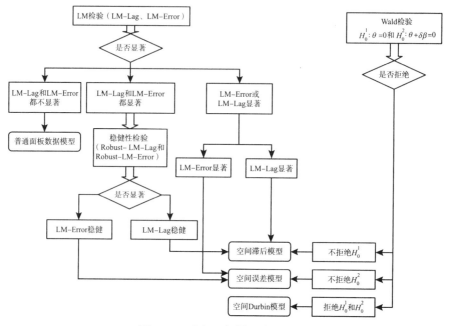

图 6 -9　空间面板模型选择流程

其中，$J = \dfrac{1}{\hat{\sigma}^2}\big[\,((I_T \otimes W)X\hat{\beta})'(I_{NT} - X(X'X)^{-1}X')((I_T \otimes W)X\hat{\beta}) +$

$TT_W\hat{\sigma}^2\,\big]$，$T_W = trace(WW + W'W)$，$\otimes$ 为矩阵的克罗内克（Kronecker）积

（矩阵张量乘），I_T 为单位矩阵，T 为期数，e 为残差估计值。

$$LM - Lag\text{-}robust = \frac{\big[\,e'(I_T \otimes W)Y/\hat{\sigma}^2 - e'(I_T \otimes W)e/\hat{\sigma}^2\,\big]^2}{J - TT_W} \qquad (6.16)$$

$$LM - Error\text{-}robust = \frac{\big[\,e'(I_T \otimes W)e/\hat{\sigma}^2 - TT_W/J \times e'(I_T \otimes W)Y/\hat{\sigma}^2\,\big]^2}{TT_W\big[\,1 - TT_W/J\,\big]}$$

$$(6.17)$$

在残差独立同分布的假设下，LM – Lag 和 LM – Error 检验统计量渐进

服从自由度为 1 的卡方分布 $\chi^2(1)$。检验结果如表 6 – 2 所示。

表 6 – 2 　　　　　　　　　　　　　　 LM 检验结果

检验值	空间滞后模型			空间误差模型		
	地区固定	时间固定	地区、时间固定	地区固定	时间固定	地区、时间固定
LM 值	118. 56 *** (0. 00)	0. 37 (0. 54)	32. 82 *** (0. 00)	9. 28 *** (0. 00)	1. 15 (0. 28)	28. 81 *** (0. 00)
Robust LM 值	130. 18 *** (0. 00)	0. 01 (0. 91)	4. 14 ** (0. 04)	28. 85 *** (0. 00)	0. 79 (0. 37)	0. 12 (0. 72)

注： ***， ** 分别表示在 1% 和 5% 的水平下通过显著性检验。括号内的数据为卡方统计量的概率值。

根据 LM 检验的结果，可以发现地区固定和地区、时间固定的空间滞后模型都通过了 LM – Lag 检验和 Robust – LM – Lag 检验，地区固定的空间误差模型都通过了 LM – Error 检验和 Robust – LM – Error 检验。

其次，对空间 Durbin 模型进行 Wald 检验。如果对一个不具有空间效应的模型进行 LM 检验，结论有可能是选择空间滞后模型或空间误差模型，那么在使用这一结论时必须十分小心。勒沙杰和佩斯（LeSage & Pace，2009）建议需要进一步考虑空间 Durbin 模型。如式（6.10）所示，空间 Durbin 模型在空间自相关模型基础上增加了空间滞后自变量。为了进一步选择模型，需要对空间 Durbin 模型进行以下的假设检验： $H_0^1: \theta = 0$ 和 $H_0^2: \theta + \delta\beta = 0$。伯里奇（Burridge，1981）指出第一个假设检验可以判断空间 Durbin 模型能否简化为空间滞后模型；第二个假设检验可以判断空间 Durbin 模型能否简化为空间误差模型。这两个检验都服从自由度为 K 的卡方分布。如果两个假设都被拒绝了，空间 Durbin 模型就是最佳模型。相反地，如果不能拒绝第 1 个假设，空间滞后模型就是最佳模型，如果不能拒绝第 2 个假设，空间误差模型就是最佳模型，但前提是两者的检验结论要与 LM 检验相一致（J. Paul Elhorst，2010）。

Wald 检验的结果如表 6 – 3 所示。通过 Wald 检验可以发现在 1% 的显著性水平下，两个原假设都被拒绝了。也就是说，空间 Durbin 模型是描述中国省域知识创新活动的最佳模型。

表 6 - 3　　　　　　　　　　　　　　Wald 检验结果

检验类型	Wald 检验值			结论
	地区固定	时间固定	地区、时间固定	
$H_0: \theta = 0$	175. 8014 *** （0. 00）	174. 2822 *** （0. 00）	172. 2848 *** （0. 00）	拒绝原假设
$H_0: \theta + \delta\beta = 0$	79. 1560 *** （0. 00）	79. 4801 *** （0. 00）	79. 9109 *** （0. 00）	拒绝原假设

注：*** 表示在 1% 的水平下通过了显著性检验。括号内的数据为 p 值。

表 6 - 4　　　　　　　　　　　　　　三种模型的估计结果

模型参数	空间滞后模型			空间误差模型			空间 Durbin 模型		
	地区固定	时间固定	地区、时间固定	地区固定	时间固定	地区、时间固定	地区固定	时间固定	地区、时间固定
$\ln K$	0. 2793 ** （2. 42）	0. 2799 ** （2. 42）	0. 2805 ** （2. 43）	0. 1584 （1. 49）	0. 1579 （1. 49）	0. 1592 （1. 50）	0. 2935 *** （3. 15）	0. 2935 *** （3. 16）	0. 2936 *** （3. 16）
$\ln L$	0. 2463 ** （1. 99）	0. 2456 ** （1. 99）	0. 2449 ** （2. 83）	0. 5647 *** （4. 83）	0. 5666 *** （4. 85）	0. 5623 *** （4. 81）	0. 4864 *** （4. 72）	0. 4881 *** （4. 75）	0. 4885 *** （4. 75）
$\ln fdi$	0. 2650 *** （8. 35）	0. 2656 *** （8. 37）	0. 2662 *** （8. 39）	0. 0635 ** （2. 25）	0. 0627 ** （2. 22）	0. 0647 ** （2. 29）	0. 1798 *** （6. 04）	0. 1790 *** （6. 02）	0. 1788 *** （6. 02）
$W \times \ln K$	—	—	—	—	—	—	0. 011 （0. 08）	0. 010 （0. 08）	0. 009 （0. 06）
$W \times \ln L$	—	—	—	—	—	—	-0. 680 *** （-4. 09）	-0. 680 *** （-4. 09）	-0. 682 *** （-4. 11）
$W \times \ln fdi$	—	—	—	—	—	—	0. 079 * （1. 67）	0. 079 * （1. 69）	0. 075 （1. 58）
$W \times$ dep. var	-0. 112 *** （-3. 41）	-0. 113 *** （-3. 44）	-0. 114 *** （-3. 47）	—	—	—	0. 402 *** （6. 85）	0. 394 *** （6. 80）	0. 407 *** （7. 11）
spat. aut.	—	—	—	0. 453 *** （8. 09）	0. 456 *** （2. 65）	-0. 449 *** （7. 98）	—	—	—
R^2	0. 8243	0. 8243	0. 8243	0. 7999	0. 7996	0. 8002	0. 8927	0. 8927	0. 8930
rho	-0. 1120	-0. 1130	-0. 1140	0. 4530	0. 4560	0. 4490	0. 3960	0. 3940	0. 4070
$\log - L$	-317. 48	-317. 48	-317. 48	-298. 90	-298. 74	-298. 86	-237. 15	-237. 25	-237. 01

注：*** 和 ** 分别表示在 1% 和 5% 的水平下通过显著性检验。括号内的数据为 T 统计量的值。

再次，对三个模型进行估计，估计结果如表 6 – 4 所示。根据估计结果可知，无论是拟合优度还是对数似然值，空间 Durbin 模型都是最高的。在空间 Durbin 模型中，地区、时间固定的空间 Durbin 模型的对数似然值最高，因此地区、时间固定的空间 Durbin 模型是最佳的模型。除了 R&D 内部支出的空间滞后项没有通过显著性检验外，其他所有变量在 5% 的显著性水平下都通过了显著性检验。

最后，对基于地区固定效应的空间 Durbin 模型进行直接效应和间接效应检验。空间计量经济模型能揭示出观察单元之间复杂的依赖结构，某个观察单元特定自变量的变动将会影响本单元的因变量，即直接效应；某个观察单元自变量的改变也可能潜在地影响着所有其他单元的因变量，即间接效应，这种间接效应就是所谓的溢出效应。中国省域 R&D 经费支出、R&D 活动人员和 FDI 影响知识创新的直接效应和间接效应如表 6 – 5 所示。

表 6 – 5　　　　　　　　　直接效应、间接效应检验结果

模型参数	直接效应	间接效应	总效应
$\ln K$	0.3048 *** (3.25)	0.2069 (0.93)	0.5118 * (1.98)
$\ln L$	0.4364 *** (4.22)	– 0.7641 *** (– 3.07)	– 0.3278 (– 1.16)
$\ln FDI$	0.1968 *** (6.82)	0.2303 *** (3.71)	0.4271 *** (6.82)

注：*** 和 ** 分别表示在 1% 和 5% 的水平下通过显著性检验。括号内的数据为 T 统计量的值。

6.2.3　估计结果

根据表 6 – 4 中的估计结果可以看出，R&D 经费内部支出、R&D 活动人员和实际利用 FDI 对中国省域知识创新均产生了正向影响，其弹性系数分别为 0.2936、0.4885 和 0.1788。R&D 经费支出和 FDI 空间滞后

项的弹性系数分别为 0.009 和 0.075，说明相邻省份增加 R&D 经费支出和 FDI 将对本地区的知识产出带来积极影响。R&D 活动人员空间滞后项的弹性系数为 -0.682，说明相邻省份 R&D 活动人员的增加将对本地区的知识产出带来消极影响。知识产出空间滞后项的弹性系数为 0.407，说明相邻省份知识产出的增加会对本地区的知识产出带来积极影响，省际知识溢出效应显著。

通过对 R&D 经费支出、R&D 活动人员和 FDI 影响知识创新的直接、间接和总效应的估计发现：本地区 R&D 经费支出每增加 1% 除了会使本地区知识产出增加 0.3048% 外，还会使相邻地区知识产出增加 0.2069%，R&D 经费支出影响知识创新总的弹性系数为 0.5118。本地区 R&D 活动人员每增加 1% 除了使本地区知识产出增加 0.4364%，还会使相邻地区知识产出减少 0.7641%，在考虑空间溢出效应的情况下，R&D 活动人员影响知识创新总的弹性系数为 -0.3278。本地区实际利用 FDI 每增加 1%，除了带来本地区知识产出增加 0.1968%，还会带来相邻地区知识产出增加 0.2303%，在考虑空间溢出效应的情况下，实际利用 FDI 影响知识创新总的弹性系数为 0.4271。

自变量直接效应与估计的自变量的系数不同，是因为反馈效应的存在。即，某一地区通过影响相邻区域的知识创新活动再反过来影响本区域的知识创新活动。这种反馈效应一部分来自于空间滞后因变量（$W \times \ln A$），另一部分来自于空间滞后自变量（$W \times \ln A$、$W \times \ln K$ 和 $W \times \ln FDI$）。

6.2.4 估计结果的解释

本节构建了中国省域知识创新的空间面板计量模型，研究了知识产出和知识投入的空间溢出效应对知识创新的影响。通过 LM 检验和 Wald 检验发现地区、时间固定的空间 Durbin 模型是描述中国省域知识创新的最佳模型。研究结果表明，知识产出具有显著的正向空间溢出效应；R&D 活动人员具有显著的负向空间溢出效应；R&D 经费支出具有正向的空间溢出效应，但不十分显著。具体体现在以下几个方面：

（1）在不考虑空间溢出效应的情况下，某一地区通过增加 R&D 经费支出、R&D 活动人员甚至加大 FDI 利用力度都会对其知识创新产生积极影响。但是，若考虑空间溢出效应，增加 R&D 活动人员会对相邻地区知识产出产生消极影响，使得投入的效率大大降低。该现象表明一定时间内在 R&D 活动人员总数不变的情况下，R&D 活动人员向某地区的集中，会减少相邻地区 R&D 活动人员数，从而对相邻地区知识创新产生消极影响。因此，相邻地区只有加强知识创新的合作，避免恶性竞争，最大程度发挥知识溢出的积极效应，减少消极效应，共同提高知识才能效率。

（2）从直接效应来看，R&D 活动人员知识创新的弹性系数远远大于 R&D 经费支出，说明增加 R&D 活动人员的数量尤其是提高其研发能力要比片面增加 R&D 经费投入更能够提高知识创新效率。

（3）某一地区利用 FDI 不但对本地区知识产出有积极影响，而且对相邻地区知识产出也有积极影响。利用 FDI 可以有效地利用外国的知识溢出，从而在短时间内提高知识创新效率。但从长远来看，通过利用 FDI 提高知识创新的自主创新能力更为重要。

6.3 中国省域知识溢出吸收测度

由于生产函数既能够体现知识溢出的空间特征，又可以通过一系列变量近似地表示知识创新的投入和产出，在研究中应用比较广泛。全要素生产率又称为"索洛余值"，是衡量单位总投入的总产量的生产率指标。产出增长率超出要素投入增长率的部分为全要素生产率增长率。在知识创新过程中，知识创新产出增长率超出要素投入增长率的部分可以看做是吸收知识溢出的结果。

本书通过测算 2009 年度中国 30 个省、市、自治区的全要素知识创新率，进而分析其知识溢出的吸收情况。

6.3.1 模型的构建

在前人研究的基础上对知识生产函数进行了扩展，构建以下的空间滞后模型：

$$Y = \rho WY + X\beta + \xi \qquad (6.18)$$

其中，Y 代表知识产出；X 代表影响区域知识创新的相关因素；W 代表空间加权向量，用邻接矩阵表示；ρ 代表空间自相关系数，$|\rho| > 1$ 意味着空间自相关度较高，距离就越远；ξ 为随机误差项向量。

由于式（6.18）右边存在因变量，所以无法直接运用最小二乘法进行估计，因此需要对式（6.18）进行变换。

$$
\begin{aligned}
A &= (1 - \rho W) \\
&= \begin{pmatrix} 1 & 0 & \cdots & 0 \\ 0 & 1 & \cdots & 0 \\ 0 & \cdots & \cdots & 0 \\ 0 & 0 & \cdots & 1 \end{pmatrix} - \hat{\rho} \begin{pmatrix} w_{11} & w_{12} & \cdots & w_{1n} \\ w_{21} & w_{22} & \cdots & w_{2n} \\ \cdots & \cdots & \cdots & \cdots \\ w_{n1} & \cdots & \cdots & w_{nn} \end{pmatrix}
\end{aligned} \qquad (6.19)
$$

式（6.19）中 A 代表加权矩阵；$\hat{\rho}$ 代表估计的自相关系数；w_{ij} 代表区域之间的距离。$(1 - \rho W)Y$ 是一个被过滤的空间因变量，即空间自相关的影响已剔除。

为了消除区域大小不同而产生的偏差，本书以万人专利申请量（PAT）代表知识产出，作为被解释变量；选择万人 R&D 经费内部支出作为知识创新的资本投入（CAPITAL）、万人 R&D 人员折合全时当量作为劳动投入（HUMAN）。一方面由于 FDI 企业在生产、经营活动过程中通过示范效应、竞争效应以及跨国公司人员的培训和流动会为当地带来知识溢出，另一方面 FDI 还可以通过增加当地的进口贸易从而传递国际知识溢出。因此，将各区域实际利用 FDI 也作为知识创新的一个投入要素。建立双对数知识创新函数模型：

$$(1 - \rho W)\ln PAT = \ln\alpha + \beta_1 \ln CAPITAL + \beta_2 \ln HUMAN + \beta_3 \ln FDI + \xi$$

$$(6.20)$$

用知识创新的全要素生产率（TFP）乘以（1 − ρW）来衡量区域知识溢出。

6.3.2 模型的估计与检验

运用 OLS 法对空间滞后模型进行回归，发现中国 30 个省区知识创新函数的拟合优度为 85.70%，各个解释变量都通过了显著性检验（如表 6 − 6 所示），模型拟合效果较好。省域 R&D 经费投入对知识产出的弹性系数为 0.8583，说明 R&D 经费支出对省域知识创新活动具有显著的贡献，R&D 经费内部支出（对数）每增长 1%，将使得省域万人专利申请（对数）增长约 0.86%。R&D 人员投入对知识产出的弹性系数为 0.1635，说明 R&D 人员对省域知识创新活动贡献比较显著，R&D 人员（对数）每增长 1%，将使得省域万人专利申请（对数）增长约 0.16%。实际利用 FDI 对知识产出的弹性系数为 0.1096，说明实际利用 FDI（对数）每增长 1%，将使得省域万人专利申请（对数）增长约 0.11%。

表 6 − 6   SLM 模型回归结果

变量	SLM			
	β	Std. E	z 统计量	p 值
C	− 5.1257 ***	0.1462	0.9402	0.000
R&D 支出	0.8583 ***	0.1157	7.4172	0.0000
R&D 人员	0.1635 *	0.0881	1.8562	0.0634
FDI	0.1096 **	0.0444	2.4681	0.0135
统计检验				
统计量	统计值	统计量	统计值	
R^2	0.8570	AIC	44.8511	
LogL	− 17.4256	SC	52.0210	

注： *** 、 ** 和 * 分别表示 1%、5% 和 10% 的显著性水平。

回归得出的空间自相关系数的估计值为 $\hat{\rho}=0.13745$。通过计算得出中国省域知识溢出吸收情况如表 6-7 所示，以及知识溢出吸收空间分布的四分位图。从表 6-7 和四分位图可以看出中国省域知识溢出吸收量呈"中部隆起"状，空间集聚现象非常显著。浙江、河南、安徽、湖北、河北、内蒙古、四川和陕西处在第Ⅰ梯度，是吸收知识溢出量最高的区域。广西、江苏省、宁夏、广东、江西、重庆、贵州、湖南处在第Ⅱ梯度，是吸收知识溢出比较高的区域。新疆、福建、青海、山西、西藏、山东、甘肃和云南处在第Ⅲ梯度，是吸收知识溢出比较低的区域。辽宁、海南、天津、黑龙江、上海、北京、吉林处在第Ⅳ梯度，是吸收知识溢出量最低的区域。从吸收知识溢出的空间集聚方面来看，吸收知识溢出量比较高的区域主要集中在沿长江地带和珠三角地带；吸收知识溢出量比较低的区域主要集中在东北和西北地区。

表 6-7　　　　　　　　　中国省域知识溢出吸收情况

省份	知识溢出吸收	省份	知识溢出吸收	省份	知识溢出吸收	省份	知识溢出吸收
辽宁	-8.9508	福建	-3.1662	江苏	-1.8606	河南	-1.0041
海南	-4.6210	青海	-2.4109	宁夏	-1.7984	安徽	-1.0023
天津	-3.9716	山西	-2.3785	广东	-1.7976	湖北	-0.8545
黑龙江	-3.8010	西藏	-2.3626	江西	-1.5791	河北	-0.2093
上海	-3.7518	山东	-2.2188	重庆	-1.2516	内蒙古	-0.1214
北京	-3.6196	甘肃	-2.1673	贵州	-1.2062	四川	0.2894
吉林	-3.2591	云南	-2.0464	湖南	-1.0818	陕西	0.9940
新疆	-3.1877	广西	-1.9146	浙江	-1.0432		

6.3.3　估计结果及解释

由于中国省域的知识创新产出呈现出较强的空间自相关性，因此用经过空间过滤的全要素生产率来代表知识溢出，在知识创新函数中引入空间滞后项对中国30个省、市、自治区的全要素知识生产率进行了测度，研究发现中国省域知识溢出吸收量呈"中部隆起"状，空间集聚现象非常显著。具体的结论体现在以下几个方面：

在知识创新的三种投入要素中，R&D 经费投入对知识创新产出的弹性系数为 0.8583，这说明知识创新需要强有力的资金支持。R&D 人员投入对知识创新产出的弹性系数为 0.1635，FDI 对知识创新产出的弹性系数为 0.1096，这两个指标对知识创新也有显著贡献。通过对比可以发现，R&D 经费内部支出的弹性系数远远大于 R&D 人员的弹性系数，说明中国各省区普遍存在 R&D 经费投入和 R&D 人员不匹配的问题，增加 R&D 经费投入是提高知识创新最有效的途径。这同时也说明，知识创新活动离不开受过良好教育并掌握了一定技能的人力资本的支撑。因此，加大对 R&D 人员的投入力度，通过对 R&D 人员的再培训和再教育以提高人力资本的质量，可以实现更快的知识创新产出和经济增长。

从中国省域吸收知识溢出量的梯度分布来看，北京、上海和天津等经济发展水平比较高的地区处在第Ⅳ梯度，而经济发展水平相对比较落后的内蒙古等中部地区省市处在第Ⅰ梯度，这从一个侧面说明知识溢出吸收量与区域经济发展水平并不存在必然的正相关关系。此外，在研究中还发现知识溢出吸收量受空间影响较大。如果一个省份有较多的邻接省份，知识溢出吸收量就会偏大，反之则较小。北京、上海和天津的知识溢出吸收量较小，而内蒙古吸收知识溢出量较大就很好地印证了这一点。因此，对于东北和西部那些地理位置比较偏远的省份，不断提高其经济开放度，加强与其他区域的交流与合作，提高对知识溢出的吸收量，非常有利于提高知识创新水平效率和经济发展水平（赵树宽和胡彩梅，2012）。

6.4 本章小结

首先对知识创新的投入和产出进行界定，并分析了省域知识创新产出与投入要素的空间梯度分布，运用探索性空间数据分析和空间计量经济方法对中国省域知识创新的空间分布特征进行全局和局部空间自相性分析，从而在整体上刻画出省域知识创新的集聚情况。其次，构建了基于空间面板数据模型的知识创新函数，以 1998～2009 年中国 30 个省区的知识创新活动作为研究样本，分析知识溢出对中国省域知识创新绩效的影响。最后，运用空间滞后模型，对中国省域知识溢出的吸收情况进行测度。

第7章　基于知识溢出的区域知识创新水平提升对策

7.1 知识溢出障碍的破解

7.1.1 破解知识溢出动机障碍

成功的知识溢出需要知识溢出者与知识溢出接受者之间具备溢出的能力、机会和动机。知识溢出者与接受者具备溢出知识和吸收知识的能力是知识溢出成功的基础。知识溢出机会是进行知识溢出的前提条件。在具备了溢出能力和机会的前提下，最终导致知识溢出发生的是溢出者和接受者的动机，它是推动知识溢出发生的内在动力。知识溢出的发生在很大程度上要受到溢出者和接受者知识溢出动机的影响。因此，需要从知识溢出的溢出者和接受者两个维度探寻破解知识溢出动机障碍的途径，提高知识溢出效率。

7.1.1.1 激发知识溢出者的溢出动机

如果知识拥有者有更强烈的合作意愿，能够为知识接受者提供更多的知识学习机会，知识溢出发生的概率就比较大。在知识溢出过程中，溢出者和接受者都要付出时间、精力、财富等代价，尤其对于溢出者来说，知识溢出还意味着知识的独家所有权、特权或优势地位的丧失（Margit Oster-loh et al.，2000）。只有溢出者的成本得到补偿，才有足够的积极性来实施知识溢出活动。因此，设计和实施高效的知识溢出激励机制是知识溢出成败的关键。

为了提高知识创新主体的知识溢出动机，地方政府可以为自主创新主体提供相应的政策，为从事知识创新的投资者建立保障创新的激励机制、产权制度安排、金融政策（如优先贷款、优惠贷款、设立创新风险投资基金等）、财政政策（如对创新的奖励、对研发的投入、拨款等）、税收政策

（如对创新项目减免税等）、分配政策（如从利润中提取创新基金等）、契约服务及市场服务体系，为提升区域吸收能力的创新主体提供一定程度的市场垄断力量，减少和避免"搭便车"行为的出现，从而大幅度提高知识创新主体创新知识和溢出知识的积极性。

7.1.1.2　激发知识接受者的吸收动机

知识吸收动机指的是知识溢出接受者从知识源汲取知识的战略意图和主动程度，它是一种驱动因素，体现了接受知识的主动性和目的性。哈默等（Hamel et al.，1991）认为如果联盟合作者不具有吸收知识的意图和动机，就不会发生系统性的学习，换言之，学习并不是自动发生的，需要接受方具有高度的知识吸收动机。野中郁次郎（Ikujiro Nonaka，1994）也指出了动机对于促进组织内部知识创造顺利进行的重要性。卡明斯（Cummings，2001）发现知识接受者如果缺乏知识转移的动机会造成知识转移困难，如果有高度接受意愿，知识接受者通常能够克服知识转移过程中的困难并表现出极大的耐力。苏兰斯基（Szulanski，2000）研究发现如果知识接受者动机不明确，知识溢出者在知识转移过程中也会做出"不情愿"或不配合的反应。因此，知识接受者吸收外部知识的动机对知识溢出的发生具有重要影响。

无论是个人还是组织，如果彼此之间相互信任，就可以提高知识的溢出和接受意愿。在较高的信任水平下，一方面，可以促进知识溢出者积极地向知识吸收者提供知识，并帮助后者消化、吸收这些知识；另一方面，还可以保证知识吸收者相信溢出者会向其提供重要的知识，并因而会努力学习这些知识。信任就像是一种社会控制机制或风险降低装置，它不但影响了知识溢出的程度，还影响了溢出的效率（吴伯翔等，2007）。因此，从区域的角度来说，需要政府构建科学、公平的制度环境与良好的信任环境，促进知识创新主体之间建立相互信任的关系，为知识溢出者和接受者提供良好的沟通平台，调动其知识溢出和吸收的意愿，促成区域内部和区域之间的知识共享和知识溢出，提高知识创新效率。

7.1.2　破解知识溢出吸收能力障碍

由于人类的认知能力和学习速度是有限的（如吸收、积累、应用知识的能力），因此知识溢出存在着一定的认知障碍。吸收能力反映了知识溢出过程中知识吸收者的认知能力。区域知识吸收能力要受到一系列因素的影响，本书从区域知识存量与结构、区域学习能力两个维度，提出提升区域知识吸收能力的对策，以破解区域知识吸收能力的障碍。

7.1.2.1　优化知识结构

在知识创新过程中，搜寻和吸收知识需要以一定的知识存量为基础。如果创新主体具备一定的知识基础，那么在学习相关的新知识时速度会更快。知识基础的广度影响着创新主体对外部知识的吸收能力，知识基础的深度影响着吸收能力提高的速度。因此，对知识的吸收依赖于创新主体现有的知识水平、存量与结构，新知识的积累呈现出路径依赖的特征。创新主体知识结构的分布状况也影响其吸收能力。创新主体知识结构的过度异质性和过高的相似性都不利于知识溢出的吸收。社会心理学研究表明：相近性与吸引力之间存在正相关关系。因为，拥有相似知识背景的创新主体，彼此之间的知识距离较短，容易通过顺畅的交流建立信任，拉近距离，促使双方进行知识的深度交换。相反，如果创新主体的知识结构重叠过多，则彼此之间的竞争会更加激烈，进而弱化了知识共享和知识溢出的倾向。

受很多因素影响，中国各个区域在知识存量和知识层次上存在明显的差异，导致不同区域接受、吸收、消化新知识的吸收能力呈现出梯度发展的特征。东部发达地区凭借历史、地理位置方面的优势，集聚了大量的物质与非物质资源，在人力、物力和财力方面相对充裕，具备了较高的知识创新能力和吸收能力，积累了较为丰富的知识资源；而中、西部地区受地理条件制约，工作条件、社会环境、思想意识等方面的相对滞后，导致创新人才流失，依靠区域内部研发获得新知识以及从外部汲取知识的能力较弱，知识资源较为匮乏。

因此，区域从自身经济、社会发展的现实状况出发，通过转变观念、改善社会环境、吸引并留住人才，在提高自身知识积累的同时，优化知识结构，可以更好地提高知识吸收能力。

优化区域内部知识结构，最为关键的是优化区域学科体系，加强区域学科互补性建设。区域可以结合基础产业、支柱产业和重点产业的发展需要，加强高校、研究机构和企业的合作，合理配置现有学科建设资源，发挥学科群体效应。

7.1.2.2 提升学习能力

不论是对个体，还是组织和区域的知识溢出，学习都具有举足轻重的作用。区域学习指的是区域通过获取和应用知识提升其创新能力的活动，它是组织学习从微观到中观层面的延伸。如果说学习可以提高个体知识水平和工作能力，那么区域中众多组织的学习也必然能够提升区域创新、共享及应用知识的能力。如果不同区域的学习能力存在差异，那么其获取、共享和应用知识的能力就必然存在差异。学习能力较差的区域，不仅无法通过区域内部的知识创新提高知识水平，而且其吸收外部知识的能力也不高。阿罗塞纳和苏茨（Arocena & Sutz, 2000）提出，在世界经济一体化的背景下，不同的国家和地区完全可以通过彼此之间的交流互动解决自身所遇到的相关问题，并且可以通过该过程不断提升自己的学习能力和创新能力。因此，学习能力的差别对于区域经济发展具有非常重要的影响。

为了更好地促进区域学习能力的提升，可以采取以下几个方面的措施：首先，通过区域间的商品贸易融入全球价值分配体系，加强与其他区域的联系，以充分学习其他区域的知识；其次，积极开展招商引资，通过引进其他区域的投资和先进技术加速知识溢出；最后，为了提高组织的学习积极性和知识溢出的吸收效果，需要加强制度环境的建设（李正卫等，2012）。

7.1.3 破解知识溢出的距离障碍

7.1.3.1 空间距离障碍

人类社会的各项活动最终都要落脚于一定的空间。从农业区位理论到工业区位理论再到集聚经济理论，都强调空间位置对于经济活动的重要性。虽然，信息和通信技术的发展为知识传输提供了极大的便利，在很大程度上降低了知识的传输成本。但是，现代技术的应用仅限于能够编码知识的传播。由于创新活动中大部分知识都属于隐性知识，其传递的边际成本仍然随着地理距离的增加而增加。因此，隐性知识多具有强烈的地域特征，人与人面对面交流和密切接触仍然是一种重要的知识溢出方式。

由于地理距离的存在，知识也往往存在一定的集聚现象。一方面，从知识传播成本的角度来看，知识传播的成本与地理距离呈正相关关系，即地理距离越远接受者为获得知识所付出的成本就越高；另一方面，从知识累积性的角度来看，地理距离限制了局部区域知识的外溢，使得局部区域的知识存量不断增加，形成一种螺旋式上升的累积效应，加速知识集聚。

完善区域交通、通信等硬件基础设施建设，可以在一定程度上降低空间距离的影响，提高区域知识传输效率，增强区域间的知识溢出效应。但是，必须明确的是如果区域之间变得过于临近，也会导致区域创新主体的学习能力削弱甚至彻底失去，从而无法对外部的变化做出反应。一方面，区域距离临近虽然可以提高创新效率，但同时也会导致锁定效益，使区域间的知识结构变得极为狭窄，经济活动集中于特定的类型，无法实现知识创新的轨道跃迁。另一方面，距离太近有助于学习知识，但不利于忘却知识，忘却知识也是学习的一个重要组成部分，拥有应该忘却的知识会对新的知识创新造成障碍（饶扬德和李福网，2006）。

7.1.3.2 知识势差障碍

由于地理区位差异以及长期的历史积淀，使得不同区域在文化观念、创新精神、学习能力，尤其是经济发展水平等方面存在一定的差异，导致了区域之间知识资源和知识存量的非均衡性，形成了区域间的知识势差。知识势差使得知识的转移、流动和扩散成为可能，知识流会从知识势能高的主体向知识势能低的主体流动。按照辐射理论，两个物体的能量落差越大，辐射越强烈，净辐射的能量数量越大。但是，该理论并不完全适用于知识溢出。当创新主体的知识势差不是特别大时，随着知识势差的增加，知识溢出会增强；而当知识势差超过一定值之后，会加剧知识的不对称性，导致知识接受者消化、吸收和再创造知识的能力有限，从而使知识溢出减弱。因此，适度的知识势差是知识溢出的必要条件。

对于知识势能比较低的区域而言，可以通过吸收知识外溢提高自身的知识势能，缩小区域知识势差。由于知识势能高的发达地区通过创新不断积累知识，所以知识势能低的区域追赶的是变动着的目标。因此，缩小知识势差并不容易。知识势能低的区域作为知识接受者，其知识势能的增长不仅要通过学习、消化、吸收别人的先进知识，更重要的是在他人知识创新的刺激下投入一定自身资源进行知识强化、扩张，如此一来才能缩小知识势差。

缩小知识势差必须缩小知识创新的人力资本差距。知识势能低的区域可以通过以下方式提高本地区人力资本水平。一方面，加强教育投资，改善教育质量，为本地劳动者提供教育机会，提高本地劳动者的素质。另一方面，制定人才引进政策，创造良好的人才成长环境，吸引区域外人才。

7.1.3.3 区域人文环境距离障碍

区域文化是区域文化水平、思维方式、价值取向和社会风气等精神成果的总和。区域文化使同一社会群体的人以相同的思维方式、价值观念，社会习俗、行为方式聚合起来，形成一种向心的凝聚力。硅谷作为区域成功发展的典型，人们在对其成功因素进行分析时发现当地所特有的鼓励冒险、善待失败、乐于合作等有利于创新产生的文化是不容忽视的。不同区域如果有共同或相似的创新文化和传统，就更容易建立信任进行有效的交流和合作。因此，地方政府要着力培育和倡导信任、合作、冒险以及鼓励创新、宽容失败的区域文化（张志文，2009）。同时转变政府职能，实现由"全能政府"、"管制型政府"向"有限政府"、"服务型政府"的转变，提高社会服务水平和效率，为区域创造高效的服务环境。从中国东、西部地区人文环境差异的角度来看，人文环境较为发达的东部沿海区域应进一步拓宽视野，建立面向全球的现代法律、商务、创新服务意识，提升服务档次，为东部沿海地区走向海外、走向国际打好基础；人文环境较为落后的中西部地区应该积极改变思想观念，与东部地区开展合作，实行人才交流制度，缩小区域间的人文环境距离。

7.1.3.4　区域制度距离障碍

以诺斯为代表的制度经济学发展了熊彼特的创新理论，高度重视制度变迁对创新的影响，区域知识创新也需要相应的制度进行规范。良好的制度环境能引导和激励知识创新活动，不仅能使知识创新主体充分、有效地利用区域内部的经济、社会和知识资源，实现区域资源的最优化配置，而且还能设法争取区域外的资源为本区域服务（徐彪等，2011）。区域之间统一、高效的制度环境是创新主体相互交流的润滑剂，否则制度障碍会阻碍知识的流动。具体而言，区域的制度环境可以影响创新主体的研发效率，在相同的知识创新投入下，具有良好制度环境的区域会取得更高的创新绩效。在整个知识创新过程中，从最初的知识创新投入到创新知识的成果转化再到产生一定的经济效益，整个过程中需要众多外部条件与之相协调，良好的制度环境也是创新投入、成果转化的外部保障。

帕伦特和普雷斯科特（Parente & Prescott，1994）认为一国或地区的创新效率在很大程度上是由导致"吸收障碍"的制度因素决定的，一个区域的市场竞争程度越高，该区域的创新能力就越强。葛小寒和陈凌（2009）通过研究发现制度因素、国内研发强度、人力资本这三个因素对国际研发溢出的技术进步效应具有重要影响。

因此，完善区域制度环境是提高区域创新效率的突破口，具体而言应该从以下几个方面加以完善。

（1）建立符合区域实际的知识产权保护制度。由于知识创新活动具有外部性，所以有些创新主体不愿意冒险投入高额成本进行知识创新，而倾向于通过模仿、学习等方式分享他人的创新成果。因此，需要完善知识产权制度，提高执法效果和透明度，加强知识产权保护，营造良好的制度环境。加强知识产权保护有利于保护创新、吸引外资。马斯库斯（Maskus，2000）认为对于知识密集型产业来说，FDI 随着知识产权保护强度的增强而增加；斯马尔泽尼斯卡（Smarzynska，2004）的研究也表明跨国公司对知识产权保护的敏感度与产业的知识密集程度以及 FDI 投资的目的有关。但是，知识产权保护水平的提高也会抑制知识创新的扩散，影响区域知识创新水平的提升。因此，区域应依据自身经济发展水平和产业结构特征，选择合适的知识产权保护水平，兼顾知识保护和知识扩散的需要，在激励创新、降低学习成本之间保持必要的均衡。

（2）加强区域信用制度体系建设。创新主体在获取外部知识的过程中，其搜寻成本和获取成本受到创新主体之间相互信任程度的影响。如果创新主体彼此之间能够建立起信任关系，那么在知识创新过程中就能更快更好地交流和扩散信息与知识，从而增强知识溢出的效果，良好的信任为创新主体的长期合作奠定了坚实了基础。此外，完善的信用制度体系能够降低创新主体的搜寻合作对象的成本，为创新主体之间的合作，尤其是初期的合作提供了保障。

从整体上看，中国的中西部地区社会信用环境相对较差、缺少信用风险分担机制，并且信息相对分散封闭，在很大程度上影响了区域的知识溢出和吸收。通过信用制度体系建设强化社会信任强度，对改善这些区域的知识溢出和交易成本具有重要的现实意义（孔伟杰和苏为华，2012）。加强区域信用制度体系建设可以从以下几个方面入手：首先，在区域内部建立起激励重视信用的制度体系，并且强化信用制度的执行力度和约束力，以便及时惩戒失信行为，提高失信的成本；其次，通过协调区域之间的立法和政策对接，使区域之间的制度趋向统一，从而建立起统一的信用信息共享和交流平台，形成区域间的联防机制。

7.2 构建学习型区域知识创新网络

7.2.1 学习型区域知识创新网络的内涵

学习型区域知识创新网络本质是一种基于学习的区域知识创新网络。具体而言，在某一地域范围内的知识创新主体（如企业、科研机构、中介服务机构、高校和政府等）在相互信任的基础上建立关系网络，并通过该网络进行集体交互式学习，提高区域知识创新能力，最终形成具有竞争优势的柔性化的区域知识创新网络，如图7-1所示。

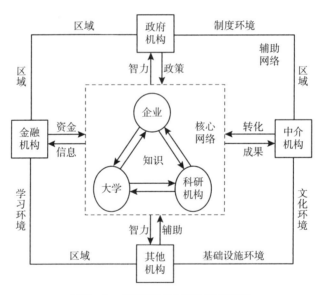

图 7-1　学习型区域知识创新网络

学习型区域知识创新网络既是知识创新主体构成的关系总体，又是各创新主体广泛参与的集体性学习平台。建立学习型区域知识创新网络可以更好地激发创新主体的积极性，发挥各方的优势，促进资源共享和协作创新，强化知识溢出效应，为区域知识创新能力的提升提供支持，最终实现区域经济的快速发展，增强区域的竞争力。

7.2.2 学习型区域知识创新网络的特征

7.2.2.1 学习型区域知识创新网络的基本特征

（1）集体学习性。区域中知识创造、传播和利用的过程主要是一个集体学习的过程。欧洲区域创新环境研究小组认为集体学习是组织为应对技术不确定性挑战而采取的协调行动，是知识空间转移的有效载体，是在空间上实现创新的有效机制。Capello（1999）认为集体学习是主体之间基于共同规则和程序通过互动机制实现区域内积累性知识的动态传递。区域知识创新网络的关系链条是网络各个结点的主体在参与知识创新活动过程中，彼此之间通过知识、信息等的流动和扩散而建立起来的联系，所有这些联系也可以看做是集体学习的过程。因此，集体学习在知识创新网络内普遍存在，集体学习性应该成为学习型区域知识创新网络的必备特征。

（2）互动学习性。在知识创新过程中，创新主体间的互动非常有利于各种知识和特殊的专业信息在各主体间的交流、传播和学习。当前，知识获取的外向化是知识创新的明显趋势。但是，目前知识的生命周期缩短，研发投资的不确定性增加，使得知识创新的风险不断加大。因此，对于单独的一个创新主体而言，无论其规模多大，都很难适应当前的这种变化。在这种背景下，创新主体之间通过互动和合作进行协作创新就显得更加重要。在知识创新过程中，创新主体之间共享研发经验、交流信息就体现了互动学习，这种学习并不是个人学习的简单重复累积，而是社会互动的过程（张培富和李艳红，2004）。

创新主体通过不断地互动学习，使知识得以交换、更新和发展。在此过程中，创新主体不仅可以增强自我学习能力，而且可以增进彼此之间相互适应的能力。区域创新网络的演化也是创新网络在与外部环境进行物质、能量和信息的交流中通过组织学习来实现的。通过创新主体之间的互动学习、合作与交流，创造比网络外对手更强的战略优势是学习型区域知识创新网络的重要目标之一。因此，互动学习性是学习型知识创新网络的明显特征。

（3）封闭性与开放性相结合。网络的封闭性指的是网络的地理开放性较低，网络成员倾向于加强内部联系，与网络外部联系的成本较高。网络的开放性指的是网络的地理开放性较高，网络内组织有较多的机会可以接触外部知识，而且获取知识的成本较低。学习型区域知识创新网络既要具备一定的封闭性也要保持一定的开放性。一方面，封闭的网络有利于形成网络规范，抑制机会主义行为的发生；同时网络内部知识很多是知识创新主体长期积累而成的，深深地根植于网络文化之中，具有较强的路径依赖特征和组织惯性，一定的封闭性有利于创新主体领悟这些知识，有利于信任关系的建立，便于隐性知识的转移和溢出。另一方面，在知识更新迅速和环境不确定性不断增强的现实情况下，知识创新网络要具有一定的开放性和柔性，否则会影响网络内活动主体的吸收能力和创新能力。如果一个网络缺乏与外界的交流，缺乏与全球知识网络进行沟通的有效渠道，容易形成"知识孤岛"。因此，网络的各个结点要不断与区域外的网络结点发生多方位、多层次的联结，寻找新的合作伙伴，拓展区域知识创新空间，以获取远距离的知识和互补性资源。

7.2.2.2 学习型区域知识创新网络结构的特征

知识创新主体通过非线性的联结机制形成了学习型区域知识创新的网络结构。在知识创新的过程中，创新网络以其开放式的结构集合了不同的主体及其优势资源，有效地促进了创新主体彼此间的互动、碰撞和交流，实现了创新主体的共赢。由此可见，科学、合理的网络结构对于加速网络内部的知识流动、提高知识创新效率具有重要影响。科学、合理的网络结构要具备以下几个方面的特征：

（1）合理的网络规模。知识创新网络的规模指的是网络中的创新主体之间关系的数量。网络规模越大，网络成员及其相互联系就越多，参与知识交流的主体就越多，知识交流的频率就越高。如果网络规模过小，会由于某些功能的缺失而难以产生积极的知识溢出效应。然而受协调成本和交易费用以及知识转移过程的损耗等因素影响，网络规模过大又会增加知识转移的成本。因此，保持合理的网络规模是降低知识转移成本的重要环节。

（2）适当的网络密度和聚类系数。网络密度指的是网络中结点之间连接对的数目占网络中所有可能连接对的比重。聚类系数是网络中的所有结点以自己为中心的密度的均值，衡量的是网络的集团化程度，反映了各点连接的重叠情况，是网络结构局部特征的体现。聚类系数不但反映整个网络的密度，还反映了网络的联通性和传递性。

在高密度和高聚类系数的网络中，网络结点之间面对面接触和交流的机会比较多，这不仅可以增加结点之间的熟悉和了解，更使得网络结点的隐性知识能够更好地溢出。从社会资本的角度来看，网络密度和聚类系数的高低决定了结点掌握社会资本的多少，拥有较高社会资本的结点往往与周围结点之间有较高的信任水平，在共同的社会文化环境下，减少了结点之间的机会主义行为，有利于长久互惠关系的建立，可以降低知识创新活动的信息风险。高密度网络和高聚类系数网络之所以能提升信任和互惠，主要原因是结点间共享相同的第三方结点，可通过第三方加深对当前以及未来伙伴的了解，减少信息不对称（曾德明等，2012）。另外，通过提高机会成本可以增强高密度网络和高聚类系数网络的信任。换言之，可以提高网络中主体行为的透明性，大幅提高投机行为对主体声誉和网络关系的损害，从而使该主体丧失未来与其他网络成员合作的机会（谢园园等，2011）。

但是，过高的网络密度也会限制网络主体所能获取的知识类别，"异质信息匮乏"使得网络主体很难获取独特知识，导致网络中模仿较为盛行。

同时，网络中还很容易形成一定的派系或小群体，创新行为受到"行为趋同性压力"的制约（赵忠华，2008）。如果网络密度提高，结点之间的联结数量就会增多，从而导致知识信息重叠和冗余，筛选新知识的难度和知识管理成本都大幅提升，最终使得网络内的知识流动和创新扩散速度放缓。而过低的网络密度和聚类系数减少了网络成员获取知识资源的机会。因此，只有适当的密度和聚类系数才更有利于创新效率的提升。

（3）适中的结点度。结点度指的是与组织直接相关的联系数量。网络的度分布与网络的中心性都是与结点度相关的概念。一般情况下，结点度的高低决定了网络成员所能获取资源的数量和质量。网络成员的结点度越高其网络地位就越高，就能享有更多获取信息资源的机会（刘健和程瑞，2006），可以更加方便地向其他企业、科研机构和高校进行学习，更好地促进知识创新活动，提高网络内部知识流动效率。但是，结点度过高也会增加网络成员的负担，因为联系越多，维持其运转所投入的时间和精力就越多，所付出超额的机会成本反而得不偿失。而且，一旦该成员离开网络，整个网络的联通性将大受影响，甚至可能出现网络的分裂。如果网络结点度都非常低，会导致网络过度分散，也不利于知识的流动。因此，适中的结点度对于提高网络知识流动效率，提高创新绩效具有重要影响。

7.2.3　构建学习型区域知识创新网络的建议

7.2.3.1　确定区域知识创新网络的类型

在构建学习型区域知识创新网络之前，首先需要对本区域业已存在的知识创新网络进行准确的定位，并制定出科学的学习型区域知识创新网络目标。根据区域知识创新网络学习性和创新性的高低可以将区域知识创新网络分为四大类，如图7-2所示。

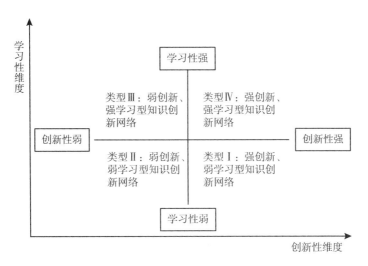

图 7 – 2 学习型知识创新网络

（1）类型Ⅰ：强创新、弱学习型知识创新网络。该类型的知识创新网络具有较强的创新性但学习性不强。表现出来的特征就是网络成员具有较高的创新积极性，创新投入较高，创新成果和创新效率较高。但是，知识创新网络学习环境较差，内部成员之间交流互动较少，缺乏学习意识，集体学习能力较弱。该类型的知识创新网络在短期内具有较高的创新绩效，但是从长期来看，网络中各成员的知识积累和扩展取决于个体知识传播、扩散的动力和程度，组织内部和整个网络没有真正建立起有利于组织学习的环境，因而组织知识层次提升的速度比较缓慢，区域知识累积缓慢、知识专业化程度比较低，知识创新后劲不足，创新的可持续性不强。该种类型的区域知识创新网络只能算作具有短期、静态效益的网络。

（2）类型Ⅱ：弱创新、弱学习型知识创新网络。该类型的知识创新网络创新性和学习性都比较弱。表现出来的特征就是区域知识创新力量较弱，创新投入不足，设备陈旧，创新人才少，知识创新意识和创新能力低下。而且，创新主体的学习意识淡薄，彼此之间缺乏交流与互动。网络成员的知识处于散乱而无序的状态，即使这些散乱的知识堆积起来数量比较庞大，也可能因知识的分散化和无序化而不能真正发挥作用。该类型知识创新网络是一种极为不健全的、效率低下的网络。区域内的知识创新是分散的、零星的、单打独斗式的创新。业已形成的区域知识创新网络也会因为缺乏创新性和学习性而走向萎缩或衰退。

（3）类型Ⅲ：弱创新、强学习型知识创新网络。该类型的知识创新网络的创新性较弱但学习性较强。表现出来的特征就是区域知识创新力量较弱，创新投入不足，设备陈旧，创新人才少，知识创新意识和创新能力低下。但是，整个知识创新网络的学习意识和学习能力较强，创新主体之间能够通过交互式学习使得信息和知识资源在区域内较为顺畅的流动，实现主体之间的互动学习，知识的"新陈代谢"速度较快。由于知识创新网络的创新性不足，该类型的知识创新网络不能够在持续创新的促动下不断完善，很难保持网络的持久活力。

（4）类型Ⅳ：强创新、强学习型知识创新网络。该类型的知识创新网络具有较强的创新性和学习性。区域主体之间拥有共同的知识创新愿景，共同创造出较为有效的知识资源配置模式，在正式和非正式的相互作用和交流过程中形成相对稳定的网络，以交互式集体学习、协同创新的方式实现区域内知识的有效传递和共享，区域知识厚度不断增加。创新网络内知识创新主体和整个创新网络沿着"集体学习—共同创新—共同提高—再学习—再创新—再提高"的螺旋式上升模式发展。

通过上述分析可以看出类型Ⅳ——强创新、强学习型知识创新网络应该成为学习型区域知识创新网络构建的目标。每个区域都应该对自身知识创新网络的创新性和学习性进行科学评价，判断自身所属的网络类型，有针对性地提升区域知识创新网络的创新性或学习性，向强创新、强学习型知识创新网络的方向发展。

7.2.3.2　知识创新网络各生命周期阶段政府的作用

（1）学习型知识创新网络的形成阶段。在学习型区域知识创新网络形成的起始阶段，无论是在市场经济尚不完善的中国还是市场经济比较发达的发达国家，地方政府都需要扮演直接推动者和领导者的角色。例如，在微电子技术和计算机网络技术发展的早期阶段，美国政府通过提供经费资助并作为主要用户促成了这些技术产业在硅谷落脚，这对硅谷创新网络的培育起到了很大的推动作用。因此，在学习型知识创新网络的形成阶段，离不开地方政府的积极推动和领导。地方政府除了通过政府采购之外，还可以通过加大基础性研发经费投入力度、优惠的财政和金融政策等方式，鼓励企业、科研机构和高校成为技术创新主体，引导创新主体之间开展多维合作。政府还可以根据创新网络主体的共同兴趣和需求，定期或不定期地组织一些交流活动，为创新主体提供交流平台，加强主体之间的联系频率。重点培育和支持面向产业、行业、企业的科技咨询服务中介机构。通过建立一些民间的文体活动组织打破组织界限，促进隐性知识的传播。

（2）学习型知识创新网络的成熟阶段。当学习型区域知识创新网络发展到较为成熟时，其发展与完善更多地倾向于自主的和市场的方式。在此阶段，政府就应该逐步减少对网络发展的直接干预，转而更多地关注支撑学习型区域知识创新网络运行的制度、文化和政策环境建设，形成具有本区域特色的制度、文化和政策。例如，美国硅谷建立了以创业资本为依托的创新网络，网络成员遵循以自由竞争和快速要素流动为特征的行为准则，并通过锦标赛式的竞争体制来维系高频度的知识创新。德国巴登地区则通过政府的外部引导和共享式的协作体制获取较高的创新绩效。

（3）学习型知识创新网络的衰退阶段。当学习型知识创新网络进入衰退阶段时，表现出来的特征是整个网络内部合作比例较大，彼此之间的信息透明度较高，知识外溢效应非常明显，"搭便车"现象较多，创新意识减弱，对知识创新人才的需求、知识创新活动的重视程度以及新知识的关注程度都在不断下降，网络内部的知识交流、共享逐步减少，集体学习能力不断下降，对网络外部资源的整合和利用减少，整个网络呈现衰退的趋势。在该阶段，地方政府应该再度站出来及时进行干预和引导。可以通过对重点项目、重点网络成员的支持，调整其研发方向，将知识资源配置到更具

有市场前景、技术优势的新研发领域。加强对人力知识资本的投入，重点
培养能够抓住研究前沿和未来研究方向的知识创新人才，形成新研究领域
的后备力量，加快新知识的积累和新兴领域的发展，促进知识创新网络及
时转入新的更高层次的生命周期。

7.3　实施跨区域协同知识创新

7.3.1　增强区域知识创新网络的区际互联

区域知识创新网络的发展过程中要保持适度的开放性。在区域知识创
新体系的构建过程中，地方政府应该放远眼光，注重采取开放的创新互动
战略，积极开展跨区域的知识创新合作。通过出台鼓励区域创新主体跨区
域知识创新的政策，推动区域创新主体融入更大区域乃至全球产业价值链
体系（佐胜刚等，2011）。

在推进区域知识创新体系建设时，应该积极破除行政区划的限制，通
过建设跨区域的知识创新网络将经济联系密切的区域连接起来，整合区域
间创新主体的优势资源，加强彼此间的联系，促成其深入合作。

通过跨区域的知识创新网络强化区域间的知识流动，提升区域知识创
新能力、增强区域竞争优势、促进区域经济快速发展。

7.3.2　提高区际知识人才流动性

知识人才是最重要的知识资本，决定着知识创新的水平和未来的发展
方向，是影响知识创新效率的关键要素。区域间知识人才的流动能够促进
知识尤其是隐性知识的流动。知识人才的流动可以是技术人才在区域不同
企业之间的流动，也可以是大学、研究机构人员以研究合作、兼职、顾问、

咨询服务等形式的流动，还可以是大学、研究机构人员到跨区域企业的挂职锻炼等。对于落后区域来说，受工作条件、工资待遇、发展空间、社会环境等因素的影响，知识人才流出现象严重，而对于发达地区来说则是人才不断流入。所以，落后地区虽设法阻止知识人才的流出，但是仍然无法减缓人才流失。美国宾州大学华顿商学院教授卡倍里曾经说过，不要把人才当做一个水库，而应该当成一条河流来管理；不要期待它不流动，应该设法管理它的流速和方向。对于一个区域来说，应该以积极正确的态度面对人才流动，对于流入的知识人才，要为其提供良好的工作条件和工作环境，使其个人才能得到充分发挥；对于从本区域流出的知识人才，要与其保持真诚友好的联系，并积极改善区域创新环境，争取实现人才的回流。

在提高知识人才流动性的基础上，实现区域之间知识人才的共享是实现区域协同知识创新的重要保障。就区域层面而言，所谓的知识人才共享就是要通过特定的体制安排、制度建设、机制构建等实现知识人才在区域之间的共同享用；就用人单位层面而言，人才共享是通过灵活多样的用人机制实现各类人才"不求所有，但求所用"的结果。政府可以在充分发挥市场机制的基础上，加强宏观调控，合力推进区域之间知识人才的合作共享。具体的方式可以有以下几种：

（1）项目式共享。即在完成某个科研攻关项目时，由不同区域的学研机构、企业抽调相关人才，组成临时团队完成项目，待项目完成后再回到各自的岗位继续工作。此种形式的知识人才共享具有灵活性、针对性和可操作性。

（2）跨区域、跨单位兼职式共享。高校教师、科研机构研究人员、企业的高级专门人才，可以实现跨区域、跨单位的兼职，兼职的内容可以是高、精、尖技术的研发，也可以是高层次专业任务的完成。

（3）租赁式人才共享。这是一种以人才市场为依托，充分利用闲置智力、业余时间的人才共享方式。

（4）候鸟式人才共享。此种跨区域的人才共享不需要迁移户口、不需要转移人事关系、来去比较自由。主要是运用顾问、咨询的具体方式，综合利用跨区域知识人才。

7.3.3 构建协同知识创新协同机制和知识溢出补偿机制

7.3.3.1 构建区域知识创新的协同机制

良好的协同机制能够协调协同知识创新过程中各主体的利益，使得各创新主体能够相互配合、协同工作，为实现协同创新目标，提高协同创新绩效提供保障。协同机制的运行要以协同创新目标和协调创新绩效的推拉作用为基础，通过竞合机制来提高协同创新的稳定性，通过合理的风险和利益分担机制维持协同创新，通过良好的信息沟通机制解决协同创新过程中的各种冲突和矛盾，如图 7 – 3 所示。

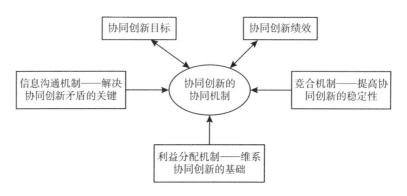

图 7 – 3　协同创新的协同机制

（1）协同创新的竞合机制。协同创新是一种基于竞争与合作关系的创新活动。协同创新主体之间既不是单纯的竞争关系，也不是纯粹的合作关系。竞争是市场经济的一个重要调节机制，为协同创新提供压力与驱动力。在区域协同创新过程中，创新成员之间密切接触，创新成果很容易被其他成员模仿。网络成员往往会把竞争对手作为比较、追赶的对象。面对竞争和生存压力，创新成员会意识到比竞争对手更快、更好、更高效地进行知识创新的重要性。协同创新的竞争机制是有效配置知识资源和提升协同创新效率的关键。但是，与"单打独斗式独立创新"以及"自我探索式创新"不同，协同创新能够将区域之间各种要素在多领域以多种形式进行对接互补和合作共享。通过区域之间的相互协调配合与互补，形成综合整体效应。

只有竞争没有合作就无法发挥协同的价值，只有合作没有竞争就很容易发生机会主义行为。因此，协同创新保持良好的竞合机制，才能提高协同创新的稳定性。

（2）协同创新的利益分配机制。在协同创新过程中，各个创新主体都是独立的利益主体，所以协同利益的公平分配问题，是各创新主体之间产生冲突和矛盾的根源，也是影响协同创新成败的关键因素和核心问题。如果利益分配不公平，就会影响到协同创新的积极性，进而影响协同创新的结果。由于信息的不对称以及未来总收益不确定等因素的影响，最初约定的被认为是公平的收益分配方案会随着创新的进一步深入而变得不公平。在协同创新的初始阶段，创新主体可通过协商确定公认的利益分配方案。如果在协同创新过程中，创新主体的地位或者贡献发生变化，为了体现利益分配的公平公正，各方应该通过协商对利益分配方案进行适当的修正。另外，在协同创新过程中，还应当建立保护创新主体知识产权的制度体系，保障创新主体的知识产权不受侵害。

（3）协同创新的沟通机制。在进行协同知识创新时，由于创新主体在知识创新能力、创新条件和组织文化等方面存在着差异，摩擦、碰撞乃至冲突都是在所难免的，从而降低了协同创新的效率。信息沟通和共享对协同创新的成败有很大的影响，信息沟通不畅很容易引起创新主体之间的隔阂和误解，导致协同创新失败。因此，良好的信息沟通机制能够有效解决协同创新中的矛盾和冲突，能够实现信息、知识、技术、市场的共享，形成良好的文化氛围，增强协同创新的向心力和凝聚力。信息沟通机制的构建可以从以下几个方面进行。

首先，建立规范的信息披露机制，及时而又准确地披露创新主体的相关信息，以提高创新主体之间的信任度。为此，可以在协同创新中约定固定的信息交流时间，让交流成为一种正式的制度。其次，成立专门机构搭建和完善信息沟通平台，鼓励创新主体之间展开观点交流与争论，允许创新主体申诉和发泄协同创新过程中产生的矛盾和不满情绪。最后，建立规范而又多样化的信息沟通方式和渠道。除了正式的沟通交流之外，还可以鼓励协同创新主体基于组织背景和偏好建立不同的"圈子"，通过非正式的交流和互动分享心智、激发思维、传递信息。创新成员之间采用什么样的沟通方式、采用什么样的语言都要有一定的规范，避免因沟通方式的不同而产生信息差别。

7.3.3.2　构建跨区域知识溢出的补偿机制

知识溢出有助于提高整个社会的知识存量和技术水平，因而能够提高全社会的福利水平。但是，知识溢出具有空间外部性，对于知识外溢区域来说，由于知识创新的成本和收益不对称，它们倾向于减少导致净知识溢出的创新活动，这显然降低了整个社会的知识创新效率。因此，有必要构建一套切实可行的知识溢出的补偿机制，对知识外溢区域的创新活动进行补贴，使创新区域的边际溢出能够得到相应补偿，以维持其持续创新的积极性。构建跨区域知识溢出补偿机制的关键是在对知识溢出进行科学的度量的基础上确定补偿标准和补偿方式。

7.4　本章小结

基于前面的理论和实证研究，从破解知识溢出障碍、构建学习型区域知识创新网络和实施跨区域知识协同创新三个方面提出了提升区域知识创新水平的对策，以期对中国区域知识创新实践提供借鉴。针对知识溢出障碍的破解，提出了破解知识溢出动机障碍、破解知识溢出吸收能力障碍、破解知识溢出距离障碍三个方面的对策；针对学习型区域知识创新网络的构建，分析了其基本内涵和特征，并提出建设学习型区域知识创新网络的具体措施；针对跨区域协同创新的实施，提出增强区域知识创新网络的区际和国际互联、提高区际知识人才流动性、构建协同知识创新协同机制和知识溢出补偿机制三个方面的建议。

第8章　区域知识创新案例分析
——以深圳为例

8.1 深圳区域知识创新独具特色

8.1.1 模仿式创新奠定基础

所谓模仿式创新是指在法律允许的范围内通过向创新者学习、购买或破解核心技术，对技术进行改进和完善的一种渐进性创新行为，主要以模仿为主。改革开放之初，深圳利用毗邻香港的优势，通过引进西方先进技术和设备进行模仿式创新，从而逐步缩小与世界前沿技术的差距。20 世纪90 年代开始，深圳的高新技术产业依靠模仿式创新完成了最初的资本积累，实现了快速发展。以腾讯为例，其英文名称"Tencent"模仿了世界著名资讯公司朗讯（Lucent），腾讯 QQ 模仿 ICQ、腾讯 TM 模仿 MSN、QQ 游戏大厅模仿联众、QQ 对战平台模仿浩方对战平台、QQ 团队语音模仿 UCTalk。腾讯创始人马化腾认为"模仿是最稳妥的创新"（李潮文，2010）。腾讯的发展轨迹就是从模仿到超越并迅速取得成功。比亚迪也是在反复拆装汽车中学习、由模仿到改进再到自主设计的过程中发展壮大，通过"分解创新"模式实现低成本创新。被誉为中国电子一条街的深圳华强北孕育了众多靠模仿、"山寨"而成长起来的企业，也成就了深圳电子信息产业等高新技术产业。

8.1.2 追赶式创新突出重围

所谓追赶式创新是指以跟随和追赶先进技术为目标，通过"干中学"的学习积累机制，消化吸收先进技术并实现自主创新的行为，以应用技术创新为主。2008 年全球金融危机爆发前后，深圳的"山寨"产业迅速凋零，模仿式创新亟须转型。华为、中兴等一大批高科技企业开始在世界范围内设立研发中心、联合创新中心，在国内外申请大量的专利。而服装、钟表、黄金等传统产业也走上了依靠知识、智慧、品牌和创意设计的高端化发展道路。2008 年深圳被联合国教科文组织授予"设计之都"的称号。深圳逐步由模仿式创新转向追赶式创新。

8.1.3　引领式创新独领风骚

所谓引领式创新是以颠覆式创新和源头创新为主的创新行为。近两年，深圳开始涌现以"柴火创客空间"为代表的大量的创客平台，集聚了一批优秀的海内外创客。在互联网时代，正在兴起的创客运动与深圳先进的制造业基础以及完善丰富的产业链体系的完美结合，为颠覆式创新提供了无限可能。深圳正逐步实现从应用技术创新向关键技术、核心技术、前沿技术创新转变，从追赶式创新向源头创新、引领式创新跃升。在《城市竞争力蓝皮书：中国城市竞争力报告 No. 13》所公布的 2014 年中国 294 个城市的综合经济竞争力指数排名中，深圳首次超越香港，位列第一名，蓝皮书中高度评价了"创新驱动的深圳模式"。

8.2　深圳着力打造知识创新生态系统

深圳是"创新驱动发展"最典型的城市。深圳之所以能够由要素驱动发展转变为创新驱动发展，离不开其独具特色的知识创新生态系统。多年来，深圳一直坚持创新主导战略，以企业为主体、市场为导向、产学研相结合的方式构建一个集观念、文化、科技、金融等要素为一体的，多方面、多层次、多要素联动的知识创新体系，实现要素的跨界聚合，激发创新活力，驱动转型升级。

8.2.1　以企业为主角的多主元化创新主体

8.2.1.1　企业作为创新的主角

深圳是一个缺少大学和研究机构的城市，但深圳并不是一个缺乏创新的城市。目前，深圳拥有创新载体 957 个，其中重点实验室 218 个，工程中心 222 个，公共技术服务平台 115 个，工程实验室 238 个，技术中心 162 个，重大基础设施两个。2003 年及以前共有 88 个，近十年创新载体的数量增长了近 10 倍，年均增长率为 24.6%，具体情况如图 8 - 1 所示。

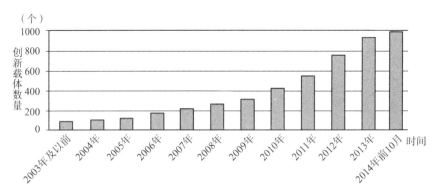

图 8 - 1　2003 ~ 2014 年深圳创新载体数量

资料来源：深圳科技创新委员会。

2013 年全社会研发投入占 GDP 比重提高到 4%，远高于 2012 年 OECD 国家的平均水平 2.4%，仅次于韩国的 4.36% 和以色列的 4.2%，如图 8 - 2 所示。2004 ~ 2013 年深圳全社会研发投入情况如图 8 - 3 所示。由图 8 - 3 可以看出，2004 ~ 2013 年，深圳全社会研发投入占 GDP 的比重一直在 3% 以上，基本上是全国平均水平的两倍多。

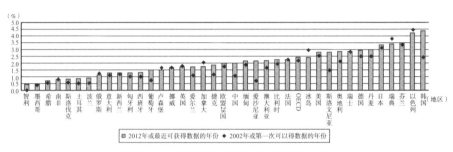

图 8 - 2　主要国家 R&D 占 GDP 的比重

资料来源：OECD Factbook 2014：Economic，Environmental and Social Statistics，2014 - 05 - 05.

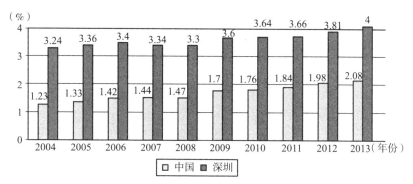

图 8 – 3　2004 ~ 2013 年深圳及中国全社会研发投入占 GDP 的比重

资料来源：深圳历年统计公报和《中国统计年鉴 2014》。

2013 年深圳 PCT 国际专利申请量超过 1 万件，占全国 48.1%；2013 年，深圳市每万人口发明专利拥有量已经高达 58.61 件，是全国平均水平（4.02 件）的 14.6 倍，有效发明专利密度高居全国各大城市榜首，排在后面的城市是北京、杭州、南京、上海。2004 ~ 2013 年，深圳市三项专利及发明专利的授权量及增长情况如图 8 – 4 和图 8 – 5 所示。由图 8 – 4 可以看出，2013 年三项专利授权量是 2004 年的 6.4 倍，年均增长率为 26.82%；由图 8 – 5 可以看出，2013 年专利中最具创新性的发明专利授权量是 2004 年的 12.7 倍，年均增长率为 55.92%。

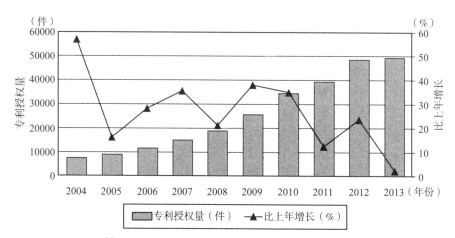

图 8 – 4　2004 ~ 2013 年深圳专利授权量及增长率

资料来源：《深圳统计年鉴（2013）》和《统计公报（2014）》。

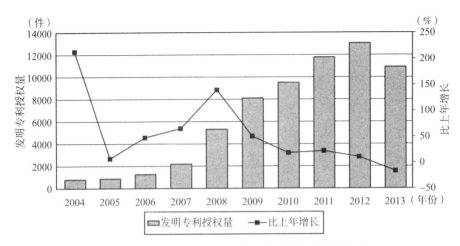

图 8 - 5　2004～2013 年深圳发明专利授权量及增长率

资料来源：《深圳统计年鉴（2013）》和《统计公报（2014）》。

深圳拥有腾讯、华为、中兴通讯、比亚迪、华大基因等一大批创新明星企业，其中华大基因、腾讯成功入选 2013 年全球最具创新力技术企业 50强；2013 年，深圳企业腾讯、朗科、迈瑞、比亚迪拿下 4 项"中国专利金奖"，占全国专利金奖总数的 20%。福布斯 2014"中美创新人物"专题，选出中美各 10 位年度创新者，其中有 4 位来自深圳。他们分别是华大基因总裁汪建、大疆创新科技创始人汪滔、比亚迪董事局主席王传福、腾讯公司高级副总裁张小龙。

与北京、上海、广州等城市相比，深圳的大学和科研机构相对较少，人才也相对比较匮乏，但深圳的创新成果是如何实现的呢？

在深圳，有"四个 90%"的说法，即 90% 以上的研发机构设在企业，90% 以上的研究开发人员集中在企业，90% 以上的研发资金来源于企业，90% 以上的职务发明专利出自企业。这"四个 90%"集中反映了深圳企业在综合创新生态系统中的主体地位，可以说是深圳自主创新体系中最有特点的东西。

正是由于深圳在大学、科研机构和人才上的相对匮乏，逼着企业自力更生，开展自主创新。同时，企业开展自主创新又具有得天独厚的优势。

首先，在市场经济条件下，企业更贴近市场、更了解市场的需求，具备将技术优势迅速转化为产品优势、将创新成果转化为商品、通过市场得到回报的要素组合和运行机制。其次，面对激烈的竞争和瞬息万变的市场环境，外部的压力迫使企业需要通过自主创新提升竞争力，战胜竞争对手，谋求企业的发展壮大。正是企业的优势和内在需求的紧密结合，决定了企业必将成为自主创新的主体。另外，西方发达国家的工业化发展历史也表明，正是由于一大批企业通过不断地将大量的人力、物力和财力投入研发中来，把各种知识、技术、发明等科研成果转化为市场需要的商品和各种物质财富，进而形成一定的产业，助推产业结构的不断优化和升级，才能带来经济社会的发展；同时企业和社会又会将积累的财富投入研发和创新中来，创造出更多的知识和技术，实现经济与科技的螺旋式上升发展。

就在各种压力、动力的驱动下，深圳的大大小小的企业都在参与和实践着自主创新，一个个创新成果接连不断地诞生并转化为生产力，为深圳经济社会发展注入了新的生机和活力。华为被誉为深圳自主创新的标杆。华为老总任正非说："没有创新，要在高科技行业中生存下去几乎是不可能的。若不冒险，跟在别人后面，长期处于二三流，我们将无法与跨国公司竞争，也无法获得活下去的权利。"任正非的前瞻性创新认识，从一开始就为华为种下了创新的基因。从 1992 年开始，华为就坚持将每年销售额的至少 10% 投入研发，2013 年，华为研发费用支出占收入的 12.8%，达到人民币 306.72 亿元。截至 2013 年底，华为已在德国、瑞典、美国、印度、俄罗斯、日本、加拿大、土耳其、中国等地设立了 16 个研究所，进行产品与解决方案的研究开发人员约 70000 余人，研发人员占公司总人数 45%，是全球各类组织中研发人数最多的公司；正是华为人的自强不息和勇于创新，华为创造了一个又一个骄人的成绩。截至 2013 年 12 月 31 日，华为累计申请中国专利 44168 件，外国专利申请累计 18791 件，国际 PCT 专利申请累计 14555 件，累计共获得专利授权 36511 件。

大疆科技（DJI）是一个新成立不久的年轻公司，但它可谓是无人驾驶直升机飞控系统领域的先行者，一个被硅谷认为能与苹果抗衡的公司。其创始人汪滔也被选为中国十大创新人物之一。汪滔在香港科技大学本科求学期间，出于兴趣他选择无人驾驶直升机飞控系统作为本科毕业设计题目，这也是他研究生期间的研究方向。2006 年，刚毕业的他携团队和技术参加了高交会，之后毅然决定成立大疆创新公司。刚成立的公司只能蜗居在廉价楼的一角，每晚熄灭楼里最后一盏灯的一定是他们。在以技术创新为核心竞争力的科技时代，大疆创新令人振奋的业绩背后是十年如一日的努力钻研，因为每一次技术突破的背后都是数千次的实验。公司现有员工数量超过 2500 人，2013 年销售收入已过千万元。凭借精湛技术和高端人才，DJI 从商用自主飞行控制系统起步，填补了国内外多项技术空白，逐步推出了飞控系统、云台系统、多旋翼飞行器、小型多旋翼一体机等产品系列，占据国内 70%、全球 50% 以上的市场份额，在全球同行业中独占鳌头，重新定义了"中国制造"的内涵，带给世界极大震撼。根据研究机构 Frost & Sullivan 的数据，在全球小型无人飞行载具市场中，大疆科技控制了超过一半的份额①。

8.2.1.2 "新型科研机构"作为创新的中坚力量

在深圳，存在着一大批"四不像"的"新型科研机构"，例如，华大基因、光启高等理工研究、中科院深圳先进院、清华大学深圳研究院。为什么称它们为"四不像"呢？根据深圳科技创新委主任陆健的解释："它们既是大学又不完全像大学，既是科研机构又不像科研院所，既是企业又不完全像企业，既是事业单位、民办非企业单位又不完全像事业单位、民办非企业单位。"这些"四不像"的新型科研机构是深圳在大学和科研机构相对匮乏的特殊环境下，为弥补企业在基础研究和应用研究方面的短板，将科研与市场融合的一朵小浪花。他们在市场基因的嫁接中"如鱼得水"，成为深圳科研的"排头兵"和中坚力量。

深圳清华大学研究院是全国第一个地方政府与高等院校合作建立的研究院，开创了我国多途径探索产学研结合方式的先河。深圳清华大学研究

---

① 大疆创新科技有限公司网站。

院把事业单位、高校、企业、科研机构四者的优势相结合，创新科技成果转化新方式，创造出产学研融合新模式，即以企业为主体，以市场为导向，"深加工"高科技成果，成为市场风向的"守望人"、企业的"孵化器"、科研机构的"供血者"。每年超过 15 项重点成果实现产业化，产生直接效益超过 5 亿元，2010 年自主创新产品销售额 213 亿元。

8.2.2 全方位、多层次的创新支撑体系

8.2.2.1 人才支撑体系

实施"孔雀计划"大力引进海内外高端人才，加大保障房、住房补贴供给和发放力度，不断提高公共服务的质量和水平，积极打造宜居城市，为产业发展提供强有力的人才保障和智力支撑。例如，为了吸引全球创客来到深圳发展，对符合条件的创客个人、创客团队项目，给予最高 50 万元资助；在深圳新建、改造提升创客空间，或引进国际创客实验室的，最高可获得 500 万元资助。2011 ~ 2015 年，深圳共引进"珠江人才计划"33 个、"孔雀计划"创新团队 63 个，海归人才 1.8 万余人。

8.2.2.2 资金支撑体系

大力发展金融业，为实体经济发展提供金融支持与服务，深圳构建了多层次资本市场框架，推动形成了种子基金、天使投资、创业投资、担保资金和创投引导资金、产业基金等覆盖创新链条全过程的金融服务体系；政府还发起设立各种产业发展引导基金、专项发展基金为创新和产业发展提供资金支持。深圳在 2013 年出台了《深圳市科技研发资金投入方式改革方案》，以充分发挥财政资金引导功能和杠杆作用，用较小的财政资金撬动较大的社会资金，发挥"四两拨千斤"的作用。通过贷款贴息、天使投资引导、科技保险、股权投资等多种资助方式，推动不同类型、不同发展阶段的知识创新主体发展壮大。深圳目前有各类股权投资基金企业达 3.87 万

家，注册资本 2.27 万亿元，已成为全国本土创投最活跃的地区，也是创投机构数量最多、管理本土创投资本总额最多的地区。这些风险资本对规模小、处于初创或成长阶段的创新主体的创新活动提供了重要的资金支持。

8.2.3.3 政策支撑体系

深圳知识创新生态系统建设首先由政府进行顶层设计，聚合创新要素。2008 年 6 月，深圳被列为全国第一个国家创新型城市试点。紧接着深圳就出台了《深圳国家创新型城市总体规划（2008～2015）》，还同步出台了 33 条自主创新政策，全面启动国家创新型城市建设。从 2008 年开始，深圳还率先制定了生物、互联网等六大战略性新兴产业规划，通过产业投资基金搭建资本进入实验室的桥梁，2012 年，深圳专门成立了科学技术创新委员会，以整合创新资源发挥合力。为支持创客发展，2015 年出台《深圳市促进创客发展三年行动计划（2015～2017 年)》及相关政策，吸引全球创客来深圳发展。

8.2.3 开放式的合作创新

8.2.3.1 资源的共建、共享

在知识创新资源的开放共享、互联互通和高效利用等方面，深圳注重发挥政府的作用，加强创新资源和产业的统筹规划和布局，避免多头管理、分散投入，促进创新资源优化整合。深圳建立了包括创新载体公共服务平台、云计算应用开发测试公共服务平台、科技创新资源共享平台在内的 112 个公共技术服务平台，让更多企业、创业者能够利用优质创新资源开展创新创业活动，不断激发全社会创新潜能。

8.2.3.2 产学研协同创新

深圳鼓励以企业、高校、科研机构为代表的产学研协同创新联盟，突

出企业创新的主体地位，完善高校、科研机构与市场的对接转化机制和联合攻关的利益分配机制，共同提升重大关键技术的攻关能力，成立了产学研促进会，建立了云计算产学研联盟、大数据产学研联盟、移动互联网产学研资联盟等 45 个产学研联盟和 10 个专利联盟。"深圳虚拟大学园"是中国第一个集成国内外院校资源，按照一园多校、市校共建模式建设的创新型产学研结合示范基地，成为国内产学研合作效果最显著的代表，大学园通过组建一批校企合作实验室、研究生培养基地、与周边地区企业建立科研合作和技术服务关系，形成了具有良性循环的产学研合作创新机制和资源共享平台，探索出一条独具特色的培养人才、科技开发、成果转化的道路。

8.2.3.3 国际协同创新

深圳非常注重开放型知识创新系统建设，积极鼓励创新龙头企业通过自建、并购、合资、合作等多种方式，在科技资源密集的国家和地区布局研发机构，以更加积极的姿态主动融入全球创新网络。与丹麦、芬兰等走在创新前列的国家签署科技合作协议，与硅谷、以色列、德国等国家搭建"创新创业直通车"。深圳著名企业及研究机构华大基因 2010 年落户世界上生命科学研究顶尖区域之一——哥本哈根生物科学园，跨出了开拓欧洲市场、参与国际协同创新的重要一步。华大基因已与 639 家欧洲科研单位建立了服务及合作关系，网络遍布全欧洲，业务不断延伸扩展，包含了产学研等各个方面，展现出迅猛发展的良好势头。在鼓励创新企业走出去的同时，深圳大力集聚全球创新资源，积极承接跨国公司向深圳转移研发中心，鼓励国外企业到深圳设立研发机构、技术转移机构和科技服务机构等，韩国三星通信设备研究院、SK 电讯大中华区生命健康事业总部等跨国公司研发机构相继落户深圳①。

---

① 发现新深圳系列报告 [N]. 财经国家周刊，2014 - 09 - 01.

8.3　启示与借鉴

8.3.1　积极搭建区域知识创新生态系统

自然生态系统指的是在自然界的空间内，生物与环境之间相互影响、相互制约，并在一定时期内处于相对稳定的动态平衡状态。生态系统无处不在，政治、经济、文化等各个领域都存在自己的生态系统，创新领域也不例外。区域知识创新生态系统是指在一定区域内的知识创新主体与其所处的创新环境，通过物质循环、能量交换和信息流动等方式相互作用而形成的开放的动态平衡系统。深圳知识创新的经验表明，一个良好的区域知识创新生态系统既要有充满创新活力的知识创新主体，包括科研院校、科技企业、公共平台、中介机构等，也要有适于知识资源配置和流动的体制机制，以及鼓励创新、宽容失败、保护知识产权的法律、文化环境。目前，我国区域知识创新生态系统建设仍处在初级阶段，创新主体之间互动性、创新链条内部承接性、产业链与创新链之间衔接性都不够完善，知识创新的体制机制尚未理顺[①]，知识创新的环境有待改善。

8.3.2　知识创新生态系统要开放包容

深圳是全国最大的移民城市，人员来自于全国各地，来自于四面八方，他们带着当地的文化，带着自己的梦想，带着一种创新的冲动来到深圳，在这里形成了一个有利于创新的氛围。那些现在很成功的企业家，当年来深圳的时候可能只带了 5000 元，或者是借钱来创业的。比亚迪的王传福

---

① 构建良好的创新生态系统［N］，经济日报，2014 – 07 – 29.

就是借亲戚的钱创业的。腾讯的马化腾那时只有几个人，差一点就把自己的成果卖掉了。这些人带着梦想来，一定要去创新，因为只有创新、创业才能生存。"来了就是深圳人"的包容精神吸引了大批怀揣梦想的优秀人才。深圳的包容体现在宽松的社会环境，不同种族、不同肤色、不同语言、不同习俗、不同信仰、不同文化背景的人交汇在这里，大家都能相互包容、彼此尊重、和谐相处，每个人都可以找到适合自己生存发展的土壤。深圳对待各种新生事物十分开明，也能宽容失败，在制度上为改革创新中的合理失误提供了免责保障。开放和包容的人文环境，使深圳充满了勇于开拓的朝气，不断创新的精神和活力。具有世界创新工厂之称的以色列也是一个"宽容失败、包容个性"的国家，以色列人对失败持一种独特的态度，宽容失败的文化引导创新创业者对失败的经历不断进行总结和利用，然后再尝试，外部环境对失败者没有苛责，在商业领域，破产和新建公司的法律不是那么严苛，"即便是你最近一次创业失败了也无妨"。硅谷的独特文化也是鼓励人才去创业和冒险，同时也不会嘲笑失败。

8.3.3 政府做好区域知识创新的配套支持

在创新生态系统的构建过程中，政府要发挥好引领、带动和服务工作。首先，政府要按照市场规律和知识创新规律做好创新生态系统构建的顶层设计，充分发挥规划的引领作用，在重大发展决策或重大项目建设之前，首先进行统筹规划。其次，政府要积极改善创新生态环境，做好服务。政府把该管的事情管起来、管到位，切实履行好公共服务、市场监管、社会管理和环境保护等职能，尤其是要做好知识产权保护工作，通过市场化、法制化建设、简政放权营造良好的创新生态环境。再次，政府要做好配套支持工作。政府从人才、资金、发展空间等方面为新技术、新企业、新业态发展提供配套支持。大力引进海内外高端人才，加大保障房、住房补贴供给和发放力度，不断提高公共服务的质量和水平，为创新人才提供良好的生活环境，为创新生态系统建设提供强有力的人才保障和智力支撑。积极利用多层次资本市场、各类金融和准金融机构以及各类新兴金融业态，构建覆盖创新链条全过程的金融服务体系，为知识创新活动提供资金支持（胡彩梅和郭万达，2015）。

第9章　结论及研究展望

9.1 研究结论

9.1.1 创造性研究结果

知识溢出对区域创新活动的影响已经引起了广泛的关注，但是目前的研究主要集中在证明知识溢出对区域创新的影响会受到空间距离的影响。至于知识溢出为什么会对区域知识创新产生影响，影响程度如何，通过哪些途径产生影响，发生的知识溢出在多大程度上会被吸收，影响知识溢出产生以及知识溢出被吸收的主要障碍有哪些，如何破解这些障碍等问题尚未形成一个较为系统的理论分析框架，而且缺乏广泛的实证研究。

在对知识溢出、知识创新相关文献进行深入、细致研究的基础上，本书尝试着对知识溢出影响区域创新的机理进行研究，试图为完善知识溢出影响区域创新的理论体系做出贡献。我们从以下几个方面开展了创造性的研究：

（1）揭示了知识溢出对区域知识创新利润与投入的影响。由于创新资源具有稀缺性，各个区域之间为了提高本区域的创新水平和竞争优势，必然会为争夺有限的创新资源而展开角逐，形成创新竞争的知识创新模式。然而，在开放的区域竞争格局下，每个区域在追求局部创新利益的同时，也离不开其他区域的支持与配合。换言之，区域之间在创新竞争的同时，又需要在更广阔的范围内进行创新资源整合。因此，只有清楚认识到知识溢出对不同创新模式下创新利润和创新投入的影响，才能做出合理的决策来发挥知识溢出的积极作用，规避其消极影响。基于上述原因，本书运用博弈分析模型和数值模拟，分析了知识溢出对创新竞争和协同创新这两种模式的创新利润和创新投入的影响，得出的研究结论可以直接用于指导中国知识创新模式选择的决策，具有较强的现实意义。

（2）证明了知识溢出对创新网络结构的影响。知识的创造、共享和流动需要在一定的创新网络中实现。有很多学者已经开展了网络结构对知识流动和知识溢出影响的研究。与以往研究不同，本书将研究聚焦于知识溢出对创新网络结构形成的影响。通过理论分析和对网络演化的仿真模拟，证明了知识溢出对网络的无标度属性、网络节点的度、网络关系强度具有重要影响。所得出的研究结论对于区域知识创新网络的构建具有一定的指导意义。

（3）明确了知识溢出对中国省域知识创新的影响并提出提升区域知识创新水平的对策。运用探索性数据分析方法分析了中国省域知识创新活动的空间分布特征，并运用基于面板数据的空间计量经济模型研究了知识溢出对中国省域知识创新活动的影响以及中国省域知识溢出的吸收情况。通过定量分析的方法，对中国知识创新活动、知识溢出对知识创新的影响、知识溢出的吸收进行了较为详细的研究，所得出的研究结论对于中国区域知识创新活动具有一定的指导作用。

9.1.2 理论与实证研究结论

本书以知识溢出影响区域知识创新的机理作为研究主线，重点研究了知识溢出对区域创新竞争和区域协同创新两种创新模式下创新利润和创新投入的影响；知识溢出对创新网络形成的影响；基于知识溢出的区域知识创新水平对策。通过理论和实证研究得出以下几个方面的结论：

9.1.2.1 不同创新模式下知识溢出对创新主体创新利润具有不同的影响

在区域创新过程中，当存在领导者区域和追随者区域时，对于领导者区域而言，无论是在创新竞争还是协同创新模式下，知识创新收益都会随着知识溢出的增加而增加。只有当知识溢出系数非常高时，协同创新的收益才会高于创新竞争，也就是说在这种情况下，领导者区域进行协同创新的积极性会比较高。对于追随者区域而言，创新竞争的利润随着知识溢出的增加而增加，而协同创新的利润随着知识溢出的增加而减少。当知识溢出系数比较小时，协同创新的利润大于创新竞争时的利润。

在进行区域协同创新时，如果区分知识内溢和知识外溢，无论是处于领导者区域还是追随者区域，创新利润与知识外溢系数均呈正相关关系。

9.1.2.2 不同创新模式下知识溢出对创新主体创新投入具有不同的影响

在竞争模式下，无论是领导者区域还是追随者区域，均衡研发投入都随着知识溢出系数的增加而增加，而且领导者区域的均衡研发投入要高于领导者区域。在协同模式下，创新联盟的均衡研发投入随着知识溢出系数的增加而减少。

在进行区域协调创新时，协同创新主体共同合作努力以及因付出努力而产生的成本与知识外溢呈正相关关系；在协同创新过程中，领导者的知识投入与追随者的知识外溢呈正相关关系而与自身的知识外溢呈负相关关系，追随者的知识投入与领导者的知识外溢呈正相关关系而与自身的知识外溢呈负相关关系；无论是领导者区域还是追随者区域，创新利润与知识外溢系数均呈正相关关系。

9.1.2.3 知识溢出对区域创新网络结构具有显著影响

通过理论分析和对创新网络演化的仿真模拟，发现知识溢出水平会对网络结构产生显著的影响。对于本书所设置的无标度知识创新网络，在初始情况下，如果知识溢出水平很高，网络中结点度的概率分布类似于泊松分布；如果知识溢出水平比较高，网络中结点度的概率分布界于泊松分布和幂律分布之间；如果知识溢出水平比较低，网络中结点度的概率分布类似于幂律分布。

当经过 T 时间演化后，随着知识溢出水平的提高，网络的幂律截尾特征会更加显著。产生这种效果的原因是，网络知识溢出的产生是择优选择的，在知识溢出水平较高时，随机性因素带给网络的干扰会比较小，网络断除择优重连的择优机会更显著，使得网络在演化过程中保持更多的择优性，使得幂律截尾特征更加显著。同时，随着知识溢出水平的提高，经过演化后，网络中各结点的度不断增加，网络关系强度迅速提高。说明知识溢出有利于加强网络成员彼此之间的联系，对网络的结构产生显著的影响。

9.1.2.4 知识溢出影响中国省域知识创新实证研究的结论

（1）中国省域知识创新活动呈现出显著的空间积聚特征。用专利申请量表示的中国省域知识产出具有较强的空间自相关性，而且东部沿海省区知识创新产出增长率高—高集聚特征显著。中国省域 R&D 经费内部支出增长率和 R&D 活动人员增长率呈现的空间分布特征是高—高相邻和低—低相邻。中国省域利用 FDI 增长率的空间自相关性显著，西部地区高—高集聚特征显著，而东部地区低—低集聚特征显著。

（2）知识溢出对中国省域知识创新活动影响显著。我们构建了中国省域知识创新的空间面板计量模型，研究知识产出和知识投入的空间溢出效应对知识创新的影响。通过检验发现地区、时间固定的空间 Durbin 模型是描述中国省域知识创新的最佳模型。研究结果表明，知识产出具有显著的正向空间溢出效应；R&D 活动人员具有显著的负向空间溢出效应；R&D 经费支出具有正向的空间溢出效应，但不十分显著。具体体现在以下几个方面：

①在不考虑空间溢出效应的情况下，某一地区通过增加 R&D 经费支出、R&D 活动人员甚至加大 FDI 利用力度都会对其知识创新产生积极影响。但是，若考虑空间溢出效应，增加 R&D 活动人员会对相邻地区知识产出产生消极影响，使得投入的效率大大降低。

②从直接效应来看，R&D 活动人员知识生产的弹性系数远远大于 R&D 经费支出，说明增加 R&D 活动人员的数量尤其是提高其研发能力要比片面增加 R&D 经费投入更能够提高知识生产效率。

③某一地区利用 FDI 不但对本地区知识产出有积极影响，而且会影响

相邻地区知识产出。

（3）中国省域知识溢出的吸收情况。通过对中国 30 个省、市、自治区的全要素知识生产率进行测度，发现中国省域知识溢出吸收量呈"中部隆起"状，空间集聚现象非常显著。具体结论如下：

①在知识生产的三种投入要素中，R&D 经费投入、R&D 人员投入和利用 FDI 对知识创新产出的弹性系数分别为 0.8583、0.1635 和 0.1096。通过对比可以发现，R&D 经费内部支出的弹性系数远远大于 R&D 人员的弹性系数，说明中国各省区普遍存在 R&D 经费投入和 R&D 人员不匹配。

②从中国省域吸收知识溢出量的梯度分布来看，北京、上海和天津等经济发展水平比较高的地区处在第 Ⅳ 梯度，而经济发展水平相对比较落后的内蒙古等中部地区省市处在第 Ⅰ 梯度，这从一个侧面说明知识溢出吸收量与区域经济发展水平并不存在必然的正相关关系。此外，在研究中还发现知识溢出吸收量受空间影响较大。如果一个省份有较多的邻接省份，知识溢出吸收量就会偏大，反之则较小。北京、上海和天津的知识溢出吸收量较小，而内蒙古吸收知识溢出量较大就很好地印证了这一点。

9.2　研究的不足与展望

9.2.1　研究的不足

本书的研究获得了一些比较重要的研究结论，对知识溢出影响创新的理论完善做出了一定的贡献，但仍然存在一定的不足，还有待于在今后的研究中进一步完善。

（1）在运用空间计量经济模型分析知识溢出对区域知识创新的影响时，用空间是否临近来考虑空间距离，未能将区域之间的经济距离、社会距离、文化距离等因素考虑在内。

（2）在分析知识溢出影响知识传递过程时，仅仅考虑知识溢出对知识传递的平台即创新网络的影响，未能细致地研究知识溢出是如何影响知识在创新主体之间的传递过程等因素进行，使得知识溢出影响知识传递过程的机理研究略显粗糙。

（3）在进行实证研究时，本书根据学界的普遍做法，用专利来表示知识产出。虽然具有一定的合理性，但低估了知识创新产出量，很多不以专利形式存在的新知识未能得到较好地反映，进而在一定程度上低估了投入要素的弹性系数。因此，进一步细化衡量知识生产的指标是未来研究的方向。

9.2.2 研究展望

知识溢出影响区域创新的研究集合了知识管理、区域创新、经济地理等研究领域的核心理论和思想。通过对国内外相关研究的梳理可以发现，近年来，有关知识溢出影响区域创新的理论和实证研究不断增加。尤其是空间经济理论、社会网络分析理论的应用，为研究知识溢出影响区域创新的发生、作用范围等问题的研究提供了独特的分析工具和崭新的研究视角。但是，该领域的理论和实证研究体系还有待于进一步完善。在以下几个方面还具有较大的研究空间：

（1）区分隐性知识和显性知识在区域创新中的作用。由于隐性知识看不见、摸不着，很难对其进行度量，而且没有相应的统计数据。为此，可以通过调查问卷调查法，通过对创新主体的观察捕捉知识流动过程中的隐性知识溢出。

（2）用专利代表新知识，在一定程度上低估了知识创新产出。在今后的研究中，可以用知识创新产出指数来代表知识创新产出。将以学术论文形式体现的新知识、以新产品体现的新知识等利用一定的评价方法纳入知识创新产出指数。

（3）研究空间知识溢出问题，在设置空间权重矩阵时，除了考虑地理距离之外，还可以构建一个由地理距离、经济距离、社会距离、文化距离等因素共同组成的综合权重矩阵。

（4）未来的研究还可以进行具体的案例分析。选择区域协同创新的典型案例，对协同创新过程进行追踪、调查，通过调查、采访分析知识溢出对区域协同创新绩效、创新主体行为决策等的影响。将案例分析的结果与理论研究结果对照，进一步修正和完善相关的研究结论。

参考文献

［1］威廉·鲍莫尔. 福利经济及国家理论［M］. 北京：商务印书馆，1982.

［2］彼得·德鲁克. 知识管理［M］. 北京：中国人民大学出版社，2000：16 –32.

［3］布德维尔. 区域经济规划问题［M］. 爱丁堡：爱丁堡大学出版社，1966.

［4］陈傲，柳卸林，程鹏. 空间知识溢出影响因素的作用机制［J］. 科学学研究，2011，29（6）：883 –889.

［5］陈傲，柳卸林，程鹏. 知识溢出空间扩散过程的实证检验——以追踪一类专利扩散为线索［J］. 科学学与科学技术管理，2010，31（12）：96 –101.

［6］陈继勇，雷欣. 我国区域间知识溢出的数量测度［J］. 科技进步与对策，2010，27（1）：39 –44.

［7］陈继勇，盛杨怿. 外商直接投资的知识溢出与中国区域经济增长［J］. 经济研究，2008（12）：39 –49.

［8］陈萍. 区域知识创新与竞争优势［J］. 西北民族大学学报（哲学社会科学版），2007（1）：31 –34.

［9］陈晓荣，丁晋，韩丽川. 知识网络连接机制对知识扩散的影响［J］. 中国管理科学，2007，15（s）：166 –169.

［10］陈艳丽. 社会临近性对高技术企业创新网络中知识扩散的影响研究［D］. 湖南：中南大学，2009.

［11］邓明，钱争鸣. 我国省际知识存量、知识创新与知识的空间溢出［J］. 数量经济技术经济研究，2009（5）：42 –53.

［12］段会娟. 集聚、知识溢出类型与区域创新效率——基于省级动态面板数据的

GMM 方法 [J]. 科技进步与对策, 2011, 28 (19): 140 –144.

[13] 段会娟. 知识溢出的测度方法综述 [J]. 科技进步与对策, 2010, 27 (5): 154 –157.

[14] 樊治平, 李慎杰. 知识创造与知识创新的内涵及相互关系 [J]. 东北大学学报 (社会科学版), 2006, 8 (2): 102 –105.

[15] 盖文启. 创新网络: 区域经济发展新思维 [M]. 北京: 北京大学出版社, 2002: 48.

[16] 葛小寒, 陈凌. 国际 R&D 溢出的技术进步效应 [J]. 数量经济技术经济研究, 2009 (7): 86 –98.

[17] 桂黄宝. 区域创新网络系统内部知识溢出的市场调节机制及溢出效率分析 [J]. 科学学与科学技术管理, 2008 (4): 107 –111.

[18] 郭骁. 创新网络强度、冲突类型与创新绩效的实证研究——一个交互效应模型 [J]. 云南财经大学学报 (社会科学版), 2011 (1): 38 –45.

[19] 何传启, 张凤. 知识经济、国家创新体系与我国现代化 [J]. 中国科技论坛, 1998 (6): 34.

[20] 何景涛. 企业知识合作机制研究 [D]. 陕西: 西北大学. 2010.

[21] 侯汉平, 王烷尘. R&D 知识溢出效应模型分析 [J]. 系统工程理论与实践, 2001 (9): 29 –32.

[22] 侯赟慧, 刘志彪, 岳中刚. 长三角区域经济一体化进程的社会网络分析 [J]. 中国软科学, 2009 (12): 90 –101.

[23] 胡彩梅, 郭万达. 深圳转型升级和创新驱动: 分析与借鉴 [J]. 开放导报, 2015 (5): 23 –28.

[24] 胡彩梅, 赵树宽. 我国省域知识溢出吸收测度——基于空间计量方法的研究 [J]. 中国科技论坛, 2011 (12): 79 –84.

[25] 吉峰, 周敏. 区域创新网络主体间的联结机制与区域创新绩效的关系研究 [J]. 科技导报, 2006 (5): 82 –85.

[26] 吉鸿荣. 基于虚拟企业组织间知识转移的信任机制研究 [J]. 现代情报, 2010, 30 (7): 16 –19.

[27] 解学梅, 左蕾蕾. 企业协同创新网络特征与创新绩效: 基于知识吸收能力的中介效应研究 [J]. 南开管理评论, 2013 (3): 47 –56.

[28] 金祥荣, 叶建亮. 知识溢出与企业网络组织的集聚效应 [J]. 数量经济技术

经济研究，2001（10）：90 –93.

[29] 康凯，苏建旭，张会云．技术创新扩散场——技术创新空间扩散研究的一种新方法 [J]．河北工业大学学报，2000（2）：27 –31.

[30] 孔伟杰，苏为华．知识产权保护、国际技术溢出与区域经济增长 [J]．科研管理，2012，33（6）：120 –127.

[31] 来向红，伙伴选择方式对创新网络绩效影响的仿真 [J]．南京信息工程大学学报（自然科学版），2014（1）：17 –26.

[32] 李长玲．企业知识系统的优化与重构 [D]．北京：中国农业大学，2003.

[33] 李潮文．腾讯：从模仿到创新 [EB/O/L]．每日经济新闻，2010 –08 –25.

[34] 李金华．知识流动对创新网络结构的影响——基于复杂网络理论的探讨 [J]．科技进步与对策，2007（11）：91 –94.

[35] 李婧，谭清美，白俊红．中国区域创新生产的空间计量分析 [J]．管理世界，2010（7）：43 –55.

[36] 李俊华，王耀德，程月明．区域创新网络中协同创新的运行机理研究 [J]．科技进步与对策，2012，29（13）：32 –36.

[37] 李林，肖玉超，王永宁．基于产业集群的产学研战略联盟合作机制构建研究 [J]．重庆大学学报（社会科学版），2010，16（2）：11 –15.

[38] 李顺才，常荔，邹珊刚．企业知识存量的多层次灰关联评价 [J]．科研管理，2001，22（3）：73 –78.

[39] 李顺才，邹珊刚，常荔．知识存量与流量：内涵、特征及其相关性分析 [J]．自然辩证法研究，2001，17（4）：42 –45.

[40] 李松龄，生延超．技术差距、技术溢出与后发地区技术收敛 [J]．河北经贸大学学报，2007（4）：5 –10.

[41] 李正卫，张祥富，张萍萍．区域学习能力对创新绩效影响研究：基于我国各省市的实证分析 [J]．科技管理研究，2012（20）：85 –88.

[42] 林东清．知识管理理论与实务 [M]．北京：电子工业出版社，2005.

[43] 刘伯雅．论新经济增长理论及其对现实经济的启示 [J]．商业时代，2008（7）：4 –5.

[44] 刘健，程瑞．关于落后地区构建区域创新网络的几点思考 [J]．华东经济管理，2006，20（5）：64 –67.

[45] 刘满凤，唐厚兴．基于社会网络模型的知识溢出传导过程研究 [J]．当代财

经，2010（5）：61 –70.

　　[46] 刘满凤，唐厚兴．组织间知识溢出吸收模型与仿真研究 [J]．科研管理，2011，32（9）：74 –82.

　　[47] 刘斯敖，柴春来．知识溢出效应分析——基于制造业集聚与 R&D 投入的视角研究 [J]．中国科技论坛，2011（7）：32 –37.

　　[48] 刘璇，邓向荣．技术空间扩散范围测度研究——以我国四大直辖市为例 [J]．科学学研究，2010（9）：1331 –1337.

　　[49] 卢福财，胡平波．基于竞争与合作关系的网络组织成员间知识溢出效应分析 [J]．企业管理研究，2008（1）：82 –89.

　　[50] 鲁新．创新网络形成与演化机制研究 [D]．武汉：武汉理工大学，2010.

　　[51] 路甬祥．创新与未来——面向知识经济时代的国家创新体系 [M]．北京：北京科学出版社，1998.

　　[52] 吕忠伟．R&D 空间溢出对区域知识创新的作用研究 [J]．统计研究，2009（4）：44 –52.

　　[53] 罗天虎．基于 Bass 模型的知识扩散演化分析 [J]．情报杂志，2007（3）：74 –76.

　　[54] 罗正清．基于知识观的企业技术创新能力发展研究 [D]．天津：天津大学，2008.

　　[55] 马野青，林宝玉．在华 FDI 的知识溢出效应——基于专利授权数量的实证分析 [J]．世界经济研究，2007（5）：20 –25.

　　[56] 毛睿奕，曾刚．基于集体学习机制的创新网络模式研究——以浦东新区生物医药产业创新网络为例 [J]．经济地理，2010，30（9）：1478 –1483.

　　[57] 孟晓飞，刘洪，吴红梅．网络环境下知识扩散的多智能体模型研究 [J]．科学学研究，2003，21（6）：636 –641.

　　[58] 米德．效率、公平与产权 [M]．北京：北京经济学院出版社，1992.

　　[59] 宁军明．知识溢出的影响因素分析 [J]．产业与科技论坛，2008，7（6）：136 –137.

　　[60] 牛冲槐，李烁．中部六省知识空间扩散范围测度研究 [J]．太原理工大学学报（社会科学版），2011，29（3）：10 –13.

　　[61] 欧阳晓，生延超．技术差距、技术能力与后发地区技术赶超 [J]．中国软科学，2008（2）：153 –160.

[62] 彭向，蒋传海．产业集聚、知识溢出与地区创新——基于中国工业行业的实证检验 [J]．经济学（季刊），2011（2）：913 –934．

[63] 饶扬德，李福刚．地理临近性与创新：区域知识流动与集体学习视角 [J]．中国科技论坛，2006（6）：20 –24．

[64] 任胜钢，胡春燕，王龙伟．我国区域创新网络结构特征对区域创新能力影响的实证研究 [J]．系统工程，2011，29（2）：50 –55．

[65] 任志安，毕玲．网络关系与知识共享：社会网络视角分析 [J]．情报杂志，2007（1）：75 –78．

[66] 萨缪尔森．经济学 [M]．北京：华夏出版社，1992．

[67] 社会网络分析 [OL]．http：//wiki．mbalib．com．

[68] 沈体雁，冯等田，孙铁山．空间计量经济学 [M]．北京：北京大学出版社，2010：41．

[69] 生延超．要素禀赋、技术能力与后发技术赶超 [D]．长沙：湖南大学，2008．

[70] 盛垒．西方空间知识溢出研究进展探析与展望 [J]．外国经济与管理，2010，32（10）：2 –9．

[71] 施平，郑江淮．战略性新兴产业的特征与发展思路 [J]．贵州社会科学，2010（12）：36 –39．

[72] 斯蒂芬．罗宾斯，玛丽．库尔特．管理学 [M]．北京：中国人民大学出版社，2003．

[73] 斯蒂格利茨．政府为什么干预经济 [M]．北京：中国物资出版社，1998．

[74] 宋承先．现代西方经济学 [M]．上海：复旦大学出版社，1997．

[75] 宋之杰，孙其龙．技术创新型企业研发投资的三阶段博弈——基于吸收能力的观点 [J]．管理工程学报，2009，23（1）：112 –138．

[76] 苏方林．中国省域R&D溢出的空间模式研究 [J]．科学学研究，2006（5）：696 –701．

[77] 孙建，吴利萍．区域研发、知识溢出与中国经济增长——区域研发宏观效应评价 [J]．重庆工商大学学报：西部论坛，2010（1）：41 –49．

[78] 孙兆刚，王鹏，陈傲．技术距离对知识溢出的影响分析 [J]．科技进步与对策，2006（7）：165 –167．

[79] 唐厚兴．区域创新系统知识溢出机制及溢出效应测度研究 [D]．南昌：江西

财经大学，2010.

[80] 万坤扬，陆文聪. 中国技术创新区域变化及其成因分析——基于面板数据的空间计量经济模型 [J]. 科学学研究，2010，28（10）：1582-1591.

[81] 汪涛，任瑞芳，曾刚. 知识网络结构特征及其对知识流动的影响 [J]. 科学与科学技术管理，2010（5）：150-155.

[82] 王辑慈. 创新的空间——企业集群与区域发展 [M]. 北京：北京大学出版社，2001.

[83] 王家庭，贾晨蕊. 中国区域创新能力及影响因素的空间计量分析 [J]. 中国科技论坛，2009（12）：73-78.

[84] 王俊豪. 政府管制经济学导论 [M]. 北京：商务印书馆，2001.

[85] 王立平. 我国高校 R&D 知识溢出的实证研究——以高技术产业为例 [J]. 中国软科学，2005（12）：54-59.

[86] 王夏洁，刘红丽. 基于社会网络理论的知识链分析 [J]. 情报杂志，2007（2）：18-21.

[87] 王向阳，卢艳秋，赵英鑫. 技术溢出与技术差距：线形关系还是二次非线性关系 [J]. 科研管理，2011，32（8）：51-55.

[88] 王晓红，张宝生. 知识网络的知识流动效率测度模型 [J]. 情报杂志. 2011，29（10）：89-93.

[89] 王晓红，张宝生. 知识网络结构特性对知识流动作用分析 [J]. 价值工程，2010（2）：11-13.

[90] 王彦博. 基于知识创新的跨组织网络的微观层面研究 [D]. 天津：天津大学，2011.

[91] 王彦博，任慧. 知识网络与合作网络解耦作用下企业创新网络绩效研究 [J]. 商业经济研究，2015（10）：100-101.

[92] 王勇. 知识溢出研究评述及其传导机制模型的构建 [J]. 价格月刊，2011（2）：85-89.

[93] 王子龙，谭清美. 区域创新网络知识溢出效应研究 [J]. 科学管理研究，2004，22（5）：87-90.

[94] 魏江. 小企业集群创新网络的知识溢出效应分析 [J]. 科研管理，2003，24（4）：54-60.

[95] 邬滋. 集聚结构、知识溢出与区域创新绩效——基于空间计量的分析 [J].

山西财经大学学报，2010，32（3）：15 – 22.

[96] 邬滋. 知识溢出的局域性与区域创新绩效：基于地理距离的知识溢出模型 [J]. 科技进步与对策，2011（14）：30 – 35.

[97] 吴伯翔，阎海峰，关涛. 本土企业吸收能力影响因素的实证研究 [J]. 科技进步与对策，2007，24（8）：110 – 113.

[98] 吴晓丹，陈德智. 技术赶超研究进展 [J]. 科技进步与对策，2008（11）：236 – 240.

[99] 吴玉鸣. 空间计量经济模型在省域研发与创新中的应用研究 [J]. 数量经济与技术经济，2006（5）：74 – 85.

[100] 吴玉鸣. 中国区域研发、知识溢出与创新的空间计量经济研究 [M]. 北京：人民出版社，2007.

[101] 向希尧，蔡虹. 试论地理距离与社会距离对知识溢出的影响——基于专利引用研究视角 [J]. 外国经济与管理，2008，30（11）：18 – 26.

[102] 谢荣见，孙剑平，周小虎. 集群创新环境下组织隐性知识扩散模型研究——以安徽省汽车产业集群为例 [J]. 经济管理，2012（10）：157 – 165.

[103] 谢园园，梅姝娥，仲伟俊. 产学研合作行为及模式选择影响因素的实证研究 [J]. 科学学与科学技术管理，2011，3（32）：35 – 43.

[104] 徐彪，李心丹，张慕. 区域环境对企业创新绩效的影响机制研究 [J]. 科研管理，2011，32（9）：147 – 156.

[105] 许小虎，项保华. 社会网络中的企业知识吸收能力分析 [J]. 经济问题探索，2005（10）：18 – 22.

[106] 晏双生. 知识创造与知识创新的含义及其关系论 [J]. 科学学研究，2010，28（8）：1148 – 1152.

[107] 杨玉秀，杨安宁. 合作创新中知识溢出的双向效应 [J]. 工业技术经济，2008（8）：107 – 110.

[108] 杨志峰，邹珊刚. 知识资源、知识存量和知识流量：概念、特征和测度 [J]. 科研管理，2000，21（4）：105 – 111.

[109] 曾德明，文金艳，禹献云. 技术创新网络结构与创新类型配适对企业创新绩效的影响 [J]. 软科学，2012，26（5）：1 – 5.

[110] 张培富，李艳红. 知识流与技术创新的群体社会互动 [J]. 科技管理研究，2004（4）：105 – 109.

［111］张婷. 区域知识创新与技术创新耦合的研究［D］. 武汉：武汉理工大学，2006.

［112］张昕，陈林. 产业聚集、知识溢出与区域创新绩效——以医药制造业为例的实证研究［J］. 科技管理研究，2011，31（19）：69 –72.

［113］张玉明，聂艳华. 知识溢出对区域创新产出影响的实证分析［J］. 软科学，2009（7）：99 –102.

［114］张志文. 区域创新文化促进高技术集群发展机理研究［J］. 科技进步与对策，2009，26（7）：23 –26.

［115］赵奇平，赵宏中. 影响知识存量与流量的相关因素分析［J］. 武汉理工大学学报，2001，23（2）：92 –94.

［116］赵树宽，胡彩梅. 知识溢出对中国省域知识生产影响的实证研究［J］. 科研管理，2012，33（9）：54 –62.

［117］赵勇，白永秀. 知识溢出测度方法研究综述［J］. 统计与决策，2009（8）：132 –135.

［118］赵勇，白勇秀. 知识溢出：一个文献综述［J］. 经济研究，2009（1）：144 –153.

［119］赵忠华. 创新型产业集群网络结构与绩效研究［D］. 哈尔滨：哈尔滨工业大学，2008.

［120］钟琦. 企业内部知识流动网络分析［D］. 大连：大连理工大学，2009.

［121］周华，韩伯棠. 技术距离与知识溢出效应模型实证分析［J］. 科技进步与对策. 2010，27（5）：103 –107.

［122］周立军. 浅谈区域创新网络的系统结构与创新能力研究［EB/OL］. http：//www. taofanwen.

［123］周密. 技术空间扩散理论的发展及对我国的启示［J］. 科技进步与对策，2010（6）：1 –4.

［124］周培玉，万钧，刘秉君. 策划思维与创意方法［M］. 北京：中国经济出版社，2007.

［125］庄新田，黄玮强. 知识创新、技术创新及金融创新的研究与展望［C］. 敦煌中日大学校长论坛首届学术讨论会，2006.

［126］Adam B. Jaffe. Economic analysis of research spillovers［C］. Implications for the Advanced Technology Program. National Institute of Standards and Technology, Gaithersburg, MD, 1996.

［127］Adam B. Jaffe, Manuel Trajtenberg, Rebecca Henderson. Geographic localization of knowledge spillovers as evidenced by patent citations ［J］. Quarterly Journal of Economics, 1993, 108 (3): 577 –598.

［128］Adam B. Jaffe. Real effects of academic research ［J］. American Economic Review, 1989, 79 (5): 957 –970.

［129］Adam B. Jaffe. Technological opportunity and spillovers of R&D: Evidence from firms' patents, profits, and market value ［J］. The American Economic Review, 1986, 76 (5): 984 –1001.

［130］Albert – L'aszl'o Barab'asi, R'eka Albert, Hawoong Jeong. Mean-field theory for scale-free random networks ［J］. Physica A: Statistical Mechanics and its Applications, 1999, 272 (1 –2): 173 –187.

［131］Almeida P. , Kogut B. . Localization of knowledge and the mobility of engineers in regional networks ［J］. Management Science, 1999, 45 (7): 905 –916.

［132］Anselin Luc, Anil Bera. Spatial dependence in linear regression models with an introduction to spatial econometrics ［A］. In Handbook of Applied Economic Statistics, edited by A. Ullah and DE Giles. New York: Marcel Dekker, 2000a: 237 –289.

［133］Arrow, K. The Economic Implication of Learning By Doing ［J］. Review of Economic Studies, 1962, 29 (80): 155 –173.

［134］A. W. Lake. Technology Creation and Technology Transfer By Multinational Firms ［A］. In R. G. Hawkins, The Economic Effects of Multinational Corporations ［M］. Greenwich, Conn. , JAI Press, 1979, 137 –187.

［135］Beata Smarzynska Javorcik. The composition of foreign direct investment and protection of intellectual property rights: Evidence from transition economies ［J］. European Economic Review, 2004, 48 (1): 39 –62.

［136］Ben Shaw – Ching Liu, Ravindranath Madhavan, D. Sudharshan. The impact of network structure on diffusion of innovation ［J］. European Journal of Innovation Management, 2005, 8 (2): 240 –262.

［137］Branstetter L. . Are international spillovers international or intranational in Scope? Microeconometric evidence from the U. S. and Japan ［J］. Annales of economics and Statistics, 1998, (49/50): 517 –540.

[138] Brett A. Gilberta, Patricia P. McDougallb, David B. Audretsch. Clusters, knowledge spillovers and new venture performance: An empirical examination [J]. Journal of Business Venturing, 2008, 23 (4): 405 –422.

[139] Bruce Fallick, Charles A. . Fleischmann, James B. Rebitzer. Job Hopping in Silicon Valley: Some Evidence Concerning the Micro – Foundations of a High Technology Cluster [R]. IZA DP No. 1799, 2005.

[140] Bruno Cassiman, Veugelers Reinhilde. Complementarity in the innovation strategy: Internal R& D, external technology acquisition and cooperation in R& D [R]. IESE Research Papers D/ 457, IESE Business School, 2002.

[141] Burt R. S. . Social Contagion and Innovation, cohesion, versus structural Equivalence [J]. American Journal of Sociology, 1987 (92): 1287 –1335.

[142] Cassar, Alessandra, Nicolini, Rosella. Spillovers and growth in a local interaction model [OL]. http: //www. recercat. net/bitstream/handle/2072/1875/57403. pdf? sequence =1.

[143] Charles I. Jones. R&D – based models of economic growth [J]. Journal of Political Economy, 1995, 103 (4): 759 –784.

[144] Charles I. Jones. Time series tests of endogenous growth models [J]. Quarterly Journal of Economics, 1995, 110 (2): 495 –525.

[145] Coe, D. , Helpman, E. , International R&D spillovers [J]. European Economic Review, 1995, 39 (5): 859 –887.

[146] Cummings Jeffrey L. Knowledge transfer across R & D units: an empirical investigation of the factors affecting successful knowledge transfer across intra-and inter-organizational units [D]. An Unpublished Doctor Dissert, George Washington University, 2001.

[147] Cummings J. , Teng B. S. . Transferring R&D knowledge: the key factors affecting knowledge transfer success [J]. Journal of Engineering and Technology Management, 2003, 20 (1 –2): 39 –68.

[148] David B. Audretsch, Maryann P. . Feldman R&D Spillovers and the Geography of Innovation and Production [J]. The American Economic Review, 1996, 86 (3): 630 –640.

[149] David B. Audretsch, Michael Fritsch. Growth Regimes over Time and

Space [J]. Regional Studies, 2002, 36 (2): 113 –124.

[150] David C. Mowery, Joanne E. Oxley, Brian S. Silverman. Strategic Alliances and Interfirm Knowledge Transfer [J]. Strategic Management Journal, 1996, 17 (special issue): 77 –91.

[151] David Dubois. The role of innovation in economics [EB/OL]. http: //economics. about. com/library/weekly/aa060204a. htm, 2004 –07 –08.

[152] Debra M. Amidon. Innovation strategy for the knowledge economy: The Ken Awakening [M]. Boston: Butterworth Heinemann, 1997: 23 – 56.

[153] Eaton Jonathan, Samuel Kortum. International patenting and technology diffusion: theory and measurement [J]. International Economic Review, 1999, 40 (3): 537 –570.

[154] Eckhardt Bode. The spatial pattern of localized R&D spillovers: an empirical investigation for Germany [J]. Journal of Economic Geography, 2004, 4 (1): 43 –64.

[155] Eric Abrahamson, Lori Rosenkopf. Social network effects on the extent of innovation diffusion: a computer simulation [J]. Organization Science, 1997 (8): 289 –309.

[156] Fallah M H. Ibrahim S. Knowledge Spillover and Innovation in Technological Clusters [C]. Proceedings of 13th International Conference on Management of Technology, Washington D. C. : International association for management of technology publication, 2004.

[157] Federico Cingano1, Fabiano Schivardi. Identifying the sources of local productivity growth [J]. Journal of the European Economic Association, 2004, 2 (4): 720 –744.

[158] Findlay, R. . Relative backwardness, direct foreign investment and the transfer of technology: A simple dynamic model [J]. Quarterly Journal of Economics, 1978, (92): 1 –16.

[159] Freeman C. Networks of innovators: a systhesis of research Issues [J]. Research Policy, 1991, 20 (5): 499 –514.

[160] George H. Borts. The equalization of returns and regional economic growth [J]. The American Economic Review, 1960, 50 (3): 319 –347.

〔161〕Gerben van der Panne. Agglomeration externalities: Marshall versus Jacobs〔J〕. Journal of Evolutionary Economics, 2004, 14 (5): 593 -604.

〔162〕Giulio Cainelli, Riccardo Leoncini. Externalities and long-term local industrial development. Some empirical evidence from Italy〔J〕. Revue d'économie Industrielle, 1999, 90 (1): 25 -39.

〔163〕Gomes – Casseres B. , A. B. Jaffe, J. Hagedoorn. Do alliances promote knowledge flows?〔J〕. Financial Economy, 2006, 80 (1): 5 -33.

〔164〕Grossman, G. , Helpman, E. Trade, knowledge spillovers and growth〔J〕. European Economic Review, 1991, 35 (2 -3): 517 -526.

〔165〕Guan Gong, Wolfgang Keller. Convergence and polarization in global income levels: a review of recent results on the role of international technology diffusion〔J〕. Research Policy, 2003, 32 (6): 1055 -1079.

〔166〕Hu Caimei. A Novel Numerical Tool Based on Game Analysis for the Evaluation of the Impact of Knowledge Spillovers on Regional Cooperative Knowledge Innovation Decision〔J〕. International Review on Computers and Software, 2010 (12).

〔167〕Igor Filatotcheva, Xiaohui Liu, Jiangyong Lu, Mike Wright. Knowledge spillovers through human mobility across national borders: Evidence from Zhongguancun Science Park in China〔J〕. Research Policy, 2011, 40 (3): 453 -462.

〔168〕Jan Fagerberg. Technology and international differences in growth rates〔J〕. Journal of Economic literature, 1994, 32 (3): 1147 -1175.

〔169〕Jian – Ye Wang, Magnus Blomström. Foreign investment and technology transfer: A simple model〔J〕. European Economic Review, 1992, 36 (1): 137 -156.

〔170〕Jing – Lin Duanmu, Felicia M. Fai. A processual analysis of knowledge transfer: from foreign MNEs to Chinese suppliers〔J〕. International Business Review, 2007, 16 (4): 449 -473.

〔171〕J. Paul Elhorst. MATLAB software for spatial panels〔DB/OL〕. http: // www. regroningen. nl/elhorst/doc/Matlab-paper. pdf. , 2010. 07: 09 -12.

〔172〕J. Vernon Henderson. Marshall's scale economies〔J〕. Journal of Urban Economics, 2003, 53 (1): 1 -28.

〔173〕Keith E. Maskus. Intellectual Property Rights in the Global Economy〔M〕. Peterson Institute Press, Washington DC. 2000.

［174］ Keller W. . Geographic localization of international technology diffusion [J]. American Economic Review, 2002, 92 (1): 120 –142.

［175］ Kenneth Arrow. Economic welfare and the allocation of resources for invention. In the rate and direction of inventive activity: Economic and Social Factors, NBER: 609 –626.

［176］ Kieron Meagher, Mark Rogers. Network density and R&D spillovers [J]. Journal of Economic Behavior & Organization, 2004, 53 (2): 237 –260.

［177］ Kokko Ari. Foreign direct investment, host country characteristics and spillovers [D]. Stockholm: Stockholm School of Economics, 1992.

［178］ Kokko A. , R. Tanzini, M. Zejan. Local Technological Capability and Productivity Spillovers from FDI in the Uruguayan Manufacturing Sector [J]. Journal of Development Studies, 1996, 32: 602 –611.

［179］ Kuniyoshi Urabe. Innovation and Japanese Management system [A]. Kuniyoshi Urabe, John Child, Tadao Kagono. Innovation and management: international comparisons [M]. Berlin: Walter de Gruyter, 1988: 3.

［180］ Laura Bottazzia, Giovanni Peri. Innovation and spillovers in regions: Evidence from European patent data [J]. European Economic Review, 2003, 47 (4): 687 –710.

［181］ Lim. The Spatial Distribution of Innovative Activity in U. S. Metropolitan Areas: Evidence from Patent Data [J]. Journal of Regional Analysis and Policy, 2003, 33 (2): 97 –126.

［182］ Linsu Kim. Crisis construction and organizational learning: Capability building in catching-up at Hyundai Motor [J]. Organization Science, 1998, 9 (4): 506 –521.

［183］ Lorenzoni G. , Lipparini A. . The leveraging of interfirm relationships as a distinctive organizational capability: A longitudinal study. Strategic Management Journal, 1999, 20 (4): 317 –338.

［184］ Luc Anselin, Attila Varga, Zoltan Acs. Geographical spillovers and university research: A spatial econometric perspective [J]. Growth and Change, 2000, 31 (4): 501 –515.

［185］ Luc Anselin, Attila Varga, Zoltan Acs. Geographic and sectoral charac-

teristics of academic knowledge externalities [J]. Regional Science, 2000, 79 (4):
435 -443.

[186] Luc Anselin, Attila Varga, Zoltan Acs. Local Geographic spillovers between university research and high technology innovations [J]. Journal of Urban Economics, 1997, 42 (3): 422 -448.

[187] Lucas, R.. On the Mechanics of Economic Development [J]. Journal of Monetary Economics, 1988, 22 (1): 3 -42.

[188] Lydia Greunz. Geographically and technologically mediated knowledge spillovers between European regions [J]. The Annals of Regional Science, 2003, 37 (4): 657 -680.

[189] Mac Dougall. The benefits and costs of private investment from abroad: a theoretical approach [J]. Economic Record, 1960 (36): 13 -35.

[190] Magnus Blomström, Ari Kokko. Multinational corporations and spillovers [J]. Journal of Economic Surveys, 1998, 12 (3): 247 -277.

[191] Magnus Blomström, Fredrik Sj? holm. Technology Transfer and Spillovers: Does Local Participation with Multinationals Matter? [J]. European Economic Review, 1999, 43 (4 -6): 915 -923.

[192] Magnus Blomstrom, Edward N. Wolff. Multinational Corporations and Productivity Convergence in Mexico [R]. NBER Working Paper No. 3141, 1994.

[193] Manfred M. Fischer, Attila Varga. Spatial knowledge spillovers and university research: evidence from Austria [J]. Annals of Regional Science, 2003, 37 (2): 303 -322.

[194] Marc D. Bahlmann, Tom Elfring, Peter Groenewegen, Marleen H. Huysman. Does distance matter? An ego-network approach towards the knowledge-based theory of clusters [R]. No. 4 of serie research memoranda from VU university Amasterdam, 2010.

[195] Margit Osterloh, Bruno S. Frey. Motivation, Knowledge Transfer, and Organizational Forms [J]. Organization Science, 2000, 11 (5): 538 -550.

[196] Martin Andersson, Olof Ejermo. Knowledge production in awedish functional regions 1993 -1999 [R]. Ljungby workshop on Knowledge Spillovers, 2002.

[197] Maryann P. Feldmana, David B. Audretsch. Innovation in cities: Science-

based diversity, specialization and localized competition [J]. European Economic Review, 1999, 43 (2): 409 –429.

[198] Michael Fritscha, Grit Franke. Innovation, regional knowledge spillovers and R&D cooperation [J]. Research Policy, 2004, 33 (2): 245 –255.

[199] Michael Storper, Anthony J. Venables. Buzz: face-to-face contact and the urban economy [J]. Journal of Economic Geography, 2004, 4 (4): 351 –370.

[200] M. Ishaq Nadiri. Innovations and technological spillovers [R]. NBER Working Paper No. 4423, 1993.

[201] Moran P. The interpretation of statistical maps [J]. Journal of the Royal Statistical Society, 1948 (10): 243 –251.

[202] Parente S. L. , Prescott E. . Barriers to technology adoption and development [J]. Journal of Political Economy, 1994 (102): 298 –321.

[203] Patel Patel, Keith Pavitt. Large firms in the production of the world's technology: an important case of non-globalisation, Journal of International Business Studies, 1991, 22 (1): 1 –21.

[204] Patricia M. Norman. Are your secrets safe? Knowledge protection in strategic alliances [J]. Business Horizons, 2001, 44 (6): 51 –60.

[205] Paul A. Geroski. Entry, innovation and productivity growth [J]. The Review of Economics and Statistics, 1989, 71 (4): 572 –578.

[206] Paul Krugman. Increasing returns and economic geography [J]. Journal of Political Economy, 1991, 99 (3): 483 –499.

[207] Paul M. Romer. Capital, labor, and productivity [J]. Brookings Papers on Economic Activity Microeconomics, 1990: 337 –367.

[208] Paul M. Romer. Endogenous technology change [J]. The journal of political economy, 1990, 98 (5): 71 –102.

[209] Paul M. Romer. Increasing returns and long-run growth [J]. Journal of political economy, 1986, 94 (5): 1002 –1037.

[210] P. B. Maursth, B. Verspagen. Knowledge spillovers in Europe: A patent citations analysis [J]. Scandinavian Journal of Economics, 2002, 104 (4): 531 –545.

[211] Per Botolf Maurseth, Bart Verspagen. Knowledge spillovers in europe: A patent citations analysis [J]. Scandinavian Journal of Economics, 2002, 104 (4):

531 –545.

[212] Pierre Dussauge, Bernard Garrette, Will Mitchell. Learning from competing partners: outcomes and durations of scale and link alliances in Europe, North America and Asia [J]. Strategic Management Journal, 2000 (21): 99 –126.

[213] Poul Ove Pedersen. Innovation Diffusion within and between National Urban Systems [J]. Geographical Analysis, 1970, 2 (3): 203 –254.

[214] Quinn J. B., Anderson P., Finkelstein S.. Managing professional intellect: making the most of the best [J]. Harvard Business Review, 1996, March – April: 71 –80.

[215] Raffaele Paci, Stefano Usai. Externalities, knowledge spillovers and the spatial distribution of innovation [J]. GeoJournal, 1999, 49 (4): 381 –390.

[216] Raffaele Paci, Stefano Usai. Knowledge flows across European regions [J]. The Annuals of Regional Science, 2009, 43 (3): 669 –690.

[217] Rajesh Kumar and Kofi O. Nti. Differential Learning and Interaction in Alliance Dynamics: A Process and Outcome Discrepancy Model [J]. Organization Science, 1998, 9 (3): 356 –367.

[218] Richard E. Caves. Multinational firms, competition and productivity in host country market [J]. Economica, 1974, 41 (126): 176 –193.

[219] Réka Albert, Albert – László Barabási. Statistical mechanics of complex networks [J]. Reviews of Modern Physics, 2002, 74 (1): 47 –97.

[220] Roberta Capello. Spatial transfer of knowledge in high technology milieux: learning versus collective learning processes [J]. Regional Studies, 1999, 33 (4): 353 –365.

[221] Robert J. W. Tijssen. Global and domestic utilization of industrial relevant science: patent citation analysis of science-technology interactions and knowledge flows [J]. Research Policy, 2000, 30 (1): 35 –54.

[222] Robin Cowan, Nicolas Jonard. Network structure and the diffusion of knowledge [J]. Journal of Economic Dynamics and Control, 2004, 28 (8): 1557 –1575.

[223] Roderik Ponds, Frank van Oort, Koen Frenken. Innovation, spillovers and university-industry collaboration: an extended knowledge production function approach [J]. Journal of Economic Geography, 2010, 10 (2): 231 –255.

［224］ Rodrigo Arocena, Judith Sutz. Interactive Learning Spaces and Development Policies in Latin America ［R］. Denmark: DRUID papers, 2000.

［225］ Rosina Moreno, Raffaele Paci, Stefano Usai. Spatial spillovers and innovation activity in European regions ［J］. Environment and Planning, 2005, 37 (10): 1793 –1812.

［226］ Rosina Moreno, Raffaele Paci, Stefano Usai. Spatial spillovers and innovation activity in European regions ［R］. Working Paper, 2003.

［227］ Rui Baptista, Peter Swann. Do firms in clusters innovate more? ［J］. Research Policy, 1998, 27 (5): 525 –540.

［228］ Schilling, M. A. , Phelps, C. C. Interfirm collaboration networks: The impact of large-scale network structure on firm innovation ［J］. Management Science, 2007, 53 (7): 1113 –1126

［229］ Shaker A. Zahra, Gerard George. Absorptive Capacity: A Review, Reconceptualization, and Extension ［J］. The Academy of Management Review, 2002, 27 (2): 185 –203.

［230］ Soreson O. , Rivkin J. W. , Fleming L. . Complexity, networks and knowledge flow ［J］. Research Policy, 2006, 35 (7): 994 –1017.

［231］ Stephen Hymer. The efficiency of multinational corporations ［J］. The American Economic Review, 1970, 60 (2): 441 –448.

［232］ Sternitzke C. , Bartkowski A. , Schwanbeck H. , Schramm R. . Patent and literature statistics-the case of optoelectronics ［J］. World Patent Information, 2007, 29: 327 –338.

［233］ Steven Globerman. Foreign direct investment and spillover efficiency benefits in Canadian manufacturing industries ［J］. The Canadian Journal of Economics, 1979, 12 (1): 42 –56.

［234］ Storper M. Pathways to industrialization and regional development ［M］. New York: Routledge, 1992.

［235］ Stuart E. , Sorenson O. Social networks and entrepreneurship ［A］. In Alvarez, S, Agrawal, R, Sorenson, O (Eds .). Handbook of entrepreneurship research ［C］. Berlin: Springer Verlag, 2005: 233 –252.

［236］ Subhashish Samaddar, Savitha S. Kadiyala. An analysis of interorganizational resource sharing decisions in collaborative knowledge creation [J]. European Journal of Operational Research, 2006 (170): 192 –210.

[237] Szulanski G. The process of knowledge transfer: A diachronic analysis of stickiness [J]. Organizational Behavior and Human Decision Processes, 2000 (82): 9 –27.

[238] Takeda Y. , Kajikawa Y. , Sakata I. , et al. . An analysis of geographical agglomeration and modularized industrial networks in a regional cluster: A case study at Yamagata prefecture in Japan [J]. Technovation, 2008, 28 (8): 531 –539.

[239] Taotao Chen, Ari Kokko, Patrik Gustavsson Tingvall. FDI and spillovers in China: non-linearity and absorptive capacity. Journal of Chinese economic and business studies, 2001, 9 (1): 1 –22.

[240] Theodore Levitt. Creativity is not enough [J]. Harvard Business Review, 2002 (8): 137 –145.

[241] Wesley M. Cohen and Daniel A. Levinthal. Innovation and Learning: The Two Faces of R & D [J]. The Economic Journal, 1989, 99 (397): 569 –596.

[242] Wolfgang Keller. Geographic localization of international technology diffusion [J]. American Economic Review, 2002, 92 (1): 120 –142.

[243] Wolfgang Keller. International trade, foreign direct investment, and technology spillovers [J]. Handbook of the Economics of Innovation, 2010 (2): 793 –829.

[244] Xiu –Hao Ding, Rui –Hua Huang. Effects of knowledge spillover on inter-organizational resource sharing decision in collaborative knowledge creation [J]. European Journal of Operational Research, 2010 (201): 949 –959.

[245] Zucker L. G. , Darby M. R. , Brewer M. B. . Intellectual human capital and the birth of US biotechnology enterprises [J]. American Economic Review, 1998, 88 (1): 290 –306.

[246] Zvi Griliches. Issues in assessing the contribution of research and development to productivity growth [J]. The Bell Journal of Economics, 1979, 10 (1): 92 –116.

[247] Zvi Griliches. The Search for R&D Spillovers [R]. NBER Working Paper No. 3768, 1992.

后　　记

　　本书的出版得到了深圳市综研软科学发展基金会、黑龙江省哲学社会科学基金项目（15GLD04）的资助。感谢我的家人一如既往地支持，让我得以完成本书的研究与写作，尤其感谢我的爱人对本书的研究框架、主要观点提出的很多宝贵意见，感谢我的女儿对我的理解与支持。

胡彩梅

2016 年 6 月

图书在版编目（CIP）数据

知识溢出影响区域知识创新的理论与实证研究／胡彩梅著．
—北京：经济科学出版社，2016.7
ISBN 978 - 7 - 5141 - 7149 - 5

Ⅰ . ①知…　Ⅱ . ①胡…　Ⅲ . ①知识创新 - 研究 - 中国
Ⅳ. ①G322. 0

中国版本图书馆 CIP 数据核字（2016）第 179805 号

责任编辑：李　雪
责任校对：王苗苗
责任印制：邱　天

知识溢出影响区域知识创新的理论与实证研究

胡彩梅　著

经济科学出版社出版、发行　新华书店经销
社址：北京市海淀区阜成路甲 28 号　邮编：100142
总编部电话：010 - 88191217　发行部电话：010 - 88191522
网址：www. esp. com. cn
电子邮件：esp@ esp. com. cn
天猫网店：经济科学出版社旗舰店
网址：http: //jjkxcbs. tmall. com
北京财经印刷厂印装
710×1000　16 开　14. 25 印张　210000 字
2016 年 7 月第 1 版　2016 年 7 月第 1 次印刷
ISBN 978 - 7 - 5141 - 7149 - 5　定价：49. 00 元
（图书出现印装问题，本社负责调换。电话：010 - 88191502）
（版权所有　侵权必究　举报电话：010 - 88191586
电子邮箱：dbts@ esp. com. cn）